# 小动物
# 外固定支架临床实践

著　[美] KARL H. KRAUS

　　[美] JAMES P. TOOMBS

　　[英] MALCOLM G. NESS

主译　丛恒飞　谢富强

中国农业科学技术出版社

**External Fixation in Small Animal Practice**

By Karl H. Kraus, James P. Toombs & Malcolm G. Ness

ISBN 978-0-6320-5989-8

Copyright © 2003 by Blackwell Science Ltd, a Blackwell Publishing Company.

著作权合同登记号：图字 01-2017-5347

**图书在版编目（CIP）数据**

小动物外固定支架临床实践 /（美）卡尔·劳克斯（KARL H. KRAUS），（美）詹姆斯·图姆斯（JAMES P. TOOMBS），（英）马尔科姆·内斯（MALCOLM G. NESS）著；丛恒飞，谢富强主译 . — 北京：中国农业科学技术出版社，2017.8

ISBN 978-7-5116-3140-4

Ⅰ . ①小… Ⅱ . ①卡… ②詹… ③马… ④丛… ⑤谢… Ⅲ . ①动物疾病 - 骨折 - 治疗 Ⅳ . ① S857.16

中国版本图书馆 CIP 数据核字（2017）第 144892 号

责任编辑　　徐　毅　张志花
责任校对　　贾海霞

出　版　者　中国农业科学技术出版社
　　　　　　北京市中关村南大街 12 号　　邮编：100081
电　　　话　（010）82106636（编辑室）　　（010）82109702（发行部）
　　　　　　（010）82109709（读者服务部）
传　　　真　（010）82106631
网　　　址　http://www.casip.cn
经　销　者　各地新华书店
印　刷　者　北京富泰印刷有限责任公司
开　　　本　889mm×1 194mm　1/16
印　　　张　15
字　　　数　260 千字
版　　　次　2017 年 8 月第 1 版　2017 年 8 月第 1 次印刷
定　　　价　200.00 元

──◄◄◄ 版权所有·翻印必究 ►►►──

# 译 者 名 单

主　译：丛恒飞　谢富强

副主译：魏　琦　王　虓

译　者：（按姓氏笔画排序）

　　　　王　虓　申翰林　丛恒飞　苏　喆　吴海燕

　　　　赵秉权　戚飞扬　谢富强　魏　琦

# 中文版序言

很多临床医生，尤其是外科医生，将小动物骨科作为追求的专科方向，因此促生了很多骨科培训班的兴起。而外固定支架作为其中讲授的重点，我们清楚地看到，没有配套的学习教材；考虑到骨科的学习需要更长的时间，因此配套相应的学习材料成为必然，方便自学与查询。《小动物外固定支架临床实践》正是在这样的背景下应运而生的，想必会极大促进外科医生学习骨科的热情与效率，切实提高小动物骨科病例的治疗成功率。

骨折的类型决定了选择的修复方案，外固定支架及其"搭接"技术是外科医生可以选择的有效方法之一；在某些病例，如开放性骨折、二次骨折病例等，外固定支架技术甚至是唯一的解决方案。《小动物外固定支架临床实践》分两大部分详解外固定支架技术的方方面面。第 1 部分 12 章，从外固定支架的基础、使用时机、术前管理、骨折复位、固定针的放置、术后 X 线评估、术后护理、复查和并发症等方面详细介绍了外固定支架的基础知识和技术细节，文中不仅介绍了传统的 K-E 支架，还比较了 Securos 系统、IMEX-SK 系统和 APEF 系统在临床的使用；第 2 部分筛选了 30 个不算特别完美的临床常见病例，再现了桡尺骨、胫骨、肱骨、股骨和跨关节的骨折修复方案，毫不保留地展示了外固定支架的临床适用性。本书由丛恒飞（前言）、戚飞扬（第 1 章、第 2 章、第 3 章、桡尺骨病例分析 5 和 6、胫骨病例分析 2 和 3、股骨病例分析 1~4）、吴海燕（第 4 章、肱骨病例分析 1~3）、申翰林（第 5 章、第 6 章）、王虓（第 7 章、第 8 章）、赵秉权（第 9 章、第 11 章、桡尺骨病例分析 1~4 和 7~10、胫骨病例分析 1）、魏琦（第 10 章、第 12 章、跨关节病例分析 1）、苏喆（胫骨病例分析 4~9、跨关节病例分析 2~4）共同翻译完成，再由魏琦和王虓初审，丛恒飞复审，最后由谢富强终审定稿。书稿思路清晰、图文并茂，力争翔实又言简意赅和一目了然，确实是使用线型外固定支架管理小动物骨折的实用指南。书中描述的是国际同行一致公认的方法，临床常用，具有很强的临床指导意义与可实践性，是小动物外科医生不可或缺的骨科工具书。书未翻译保留了原文中涉及的人名和器械、敷料、公司等名字，以方便读者直接查询。

译者是当前临床一线的小动物外科医生，均毕业于中国农业大学动物医学院，其中多位曾任职或现任职中国农业大学动物医院核心技术部门，具有丰富的兽医理论知识和临床实践经验与扎实的文字功底。他们也力求忠实于原著，逐字、逐句、逐段把关推敲，但毕竟这是一本专业性极强的参考书，也没有以前的相关中文译本参考，译文中的不当之处在所难免，敬请广大读者予以提出，以期再版时补充修改。

相信《小动物外固定支架临床实践》一书的出版发行一定会对小动物骨科的临床学习和培训、对小动物外科的健康发展起到正向的推动作用。

# 序　言

特定骨折的特性通常决定了只有一种理想的修复方法。然而，更多时候，可以使用多种有效的方法，其中线型外固定支架是适合外科医生选择的方法之一。固定针是经由皮肤钻入骨骼的，在骨骼外提供支持，其根本的和独特的优势在于保全了骨折处理想的生物环境，也可以为术者提供根据骨折愈合需要而变化的强力机械环境。兽医外固定支架是受这两种研究和不断增长的临床经验驱动而不断发展的，其结果就是技术提高了、材料优化了、并发症和失败率持续减少了。

本书是使用线型外固定支架管理小动物骨折的实用指南，分为两部分，第一部分详解确保临床病例成功实施的基础知识和技术细节。通过 Kirschner-Ehmer（K-E）型外固定支架积累了很多兽用外固定支架的临床经验，但最近几年，已经出现了多种动物用二代外固定支架系统，以此弥补 K-E 支架的内在缺陷，使得术者可以更加方便地操作支架来满足骨折愈合需要的不同的生物力学环境。本书详细介绍了 3 种二代外固定支架系统——Securos 系统、IMEX-SK 系统和丙烯酸固定针外固定支架（APEF）系统。

本书以病例处理的实际顺序安排内容，依次是病例介绍、术前管理、骨折修复、固定针放置、术后评估和随访检查。第一部分还概括介绍了并发症。

第二部分是收集的病例分析——病例基本覆盖了所有骨折类型和外固定系统。在这里需要声明的是，出版完美的病例分析意义不大，只有真实的、每天都能遇到的病例才能"毫不遮丑"地展示外固定支架的临床适用性。这些病例分析不仅是特定骨折管理的有益指导，而且可以充当临床治疗选择和决策制定的讨论范本。值得称奇的是，本书附有大量随访评估的 X 线片，可以洞悉愈合中的和已愈合的骨折的正常 X 线征象。

在合作出版这本书以前，作者就已经独立积累了很多外固定支架的经验；在这里，我们分享的专题的每个内容几乎都是非常一致的看法。当然，我们也必须承认，其他人虽然使用的方法与我们不同，但也能获得良好的效果。尽管外固定支架可广泛地在骨折病例中使用，但很多病例也可以用其他方法成功解决，甚至在部分病例中，外固定支架是不合适的。

如果读者能合理应用外固定支架，并使用规范技术让动物受益，那么本书的目的就达到了。

# 目　　录

# 第 **1** 部分

# 外固定
# 临床实践

# 第1章
# 外固定支架基础

## 组件

    无论使用的是哪种装置或系统，外固定支架均由两个基本部件组成：固定针和连接杆（固定架）。

    固定针是一种经皮贯穿大骨碎片的装置。以前，固定针就是单纯的三棱尖斯氏针，通过肢外的连接杆固定在一起。固定针又可分为半针和全针，它们具有不同的设计和使用方法。固定针必须穿透长骨的两侧皮质，才能提供与骨最好的接触。在骨的一侧，半针穿透皮肤和软组织，继续穿透近端骨皮质和远端骨皮质后停止，最后在肢体一侧使用连接杆固定锁紧。全针从骨的一侧穿透皮肤和软组织及两侧骨皮质后，继续穿出对侧皮肤，最后在肢体两侧（通常是内侧和外侧）使用两根连接杆固定锁紧。全针在肢体两侧锁紧，因此，比半针固定强度更大。

    为了增加固定针与骨的接触，固定针的设计和成分做了很多改进。现代兽医固定针由坚硬的植入物级的不锈钢制成，比传统的斯氏针更坚固。这些固定针能够抵抗弯曲力，可以保护针－骨接触面。在过去，外固定支架使用滑面针。为了有效固定骨碎片，滑面针要按照分散或会聚的角度放置。而现代的固定针是螺纹针，能够增加针－骨接触面积，使得固定针可相互平行放置，并垂直于长骨，这是一种更佳的机械力学放置方式。现代的固定针具有阳螺纹，即螺纹凸起于固定针的针体，从而极大增加了固定针硬度和强度。半针的螺纹在一端，而全针的螺纹在中央。事实上，固定针在外观和功能上越来越像骨螺钉。优质固定针的出现及固定针固定技术的提高，极大地减少了固定针松脱的发生概率，也促使了外固定支架在许多最具挑战性的骨折上的应用。

    连接杆在皮肤外侧使用，可将固定针锁紧并连接在一起。连接杆对固定针和骨折提供完全支持，正是因为连接杆的设计使得外固定支架系统变得独一无二。传统的 Kirschner-Ehmer（K-E）外固定支架的连接杆由连接夹和笔直的连杆组成。连接夹将固定针与一个或多个连杆锁紧在一起。Securos 和 IMEX-SK 固定系统也使用连接夹和连杆作为连接杆；这些系统选用阳螺纹固定针，也优化了固定针放置技术，所以比 K-E 系统具有更强的力量和更好的功能性。丙烯酸固定器，包括丙烯酸固定针外固定支架（APEF）系统，使用丙烯酸水泥作为连接杆来锁紧连接固定针。丙烯酸连接杆的直径越大，强度就越大，也能够塑造成弯曲的形状，来适应不同放置方式的固定针。

可以使用多个连接杆，通过联动装置/关节将它们连接起来，以便增加外固定支架的总体强度。联动装置的桥通常就是钢条。Securos、IMEX-SK 和传统的 K-E 固定系统使用双道连接夹，这种特制的连接夹可锁紧两根连杆。如果联动装置与固定针的直径一致，也可使用标准连接夹。联动装置也可以选用丙烯酸固定器，在这种情况下，用丙烯酸代替连接夹来锁紧连接杆（图 1.1）。

每一种固定系统都有其特定的额外部件，这些部件包括加强钢板、联动桥、暂时复位连接夹、动态螺栓和改良连接夹，它们可在制动关节时方便联动调节。这些将会在每一种固定系统中分别讨论。

## 命名法

外固定支架的命名有两个目的：一是激发人们联想到特定构型的外观，有助于临床应用、教学和研究；二是有助于预测某种构型与其他构型不同的机械性能。外固定支架中的一个主要优势就是它能够采用多种不同的（有时是富有想象力的）构型。目前尚没有一种分类系统能够包含所有可能的种类，然而，人们通常可以采用一些基本的分类。

设计一种外固定支架时，首先必须考虑支架是单侧的（Ⅰ型）还是双侧的（Ⅱ型）（图 1.2）。单侧或Ⅰ型外固定支架包括半针和跨过骨折处的连接杆，连接杆在肢体一侧将半针连接起来。如果只使用一个外固定支架，必须在骨折远端和近端分别使用至少两个（最好是多个）固定针，来稳定骨折断端。如果在每个大骨碎片只能使用 1 个半针，那么单侧Ⅰ型外固定支架只能作辅助固定。如果仅使用一根单侧连接杆，则这种支架称为Ⅰa 型。

对于高度不稳定的骨折，由于单侧外固定支架的半针相对较弱，为了增强支架的强度就必须使用不同的方法。第 1 种方法是在Ⅰa 型外固定支架中采用强度更大的连接杆，这在现代外固定支架系统已经实现。

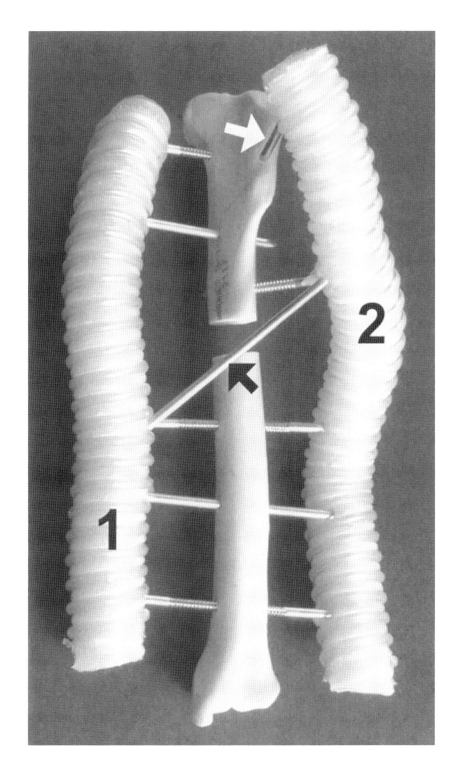

**图 1.1 使用丙烯酸做联动桥的外固定支架**
图为胫骨丙烯酸外固定支架的前内侧观。丙烯酸柱 1 位于内侧，连接近端的两个半针和远端的 3 个全针。丙烯酸柱 2 连接前侧放置的 1 个半针（白色箭头）和近端前外侧的 1 个半针，以及远端外侧的 3 个全针。1 个对角线放置的联动桥（黑色箭头）将这两个丙烯酸柱连接起来

如果仍未达到足够强度，可以使用两个单侧或 I 型支架（理想的是在正交平面，成 90° 角），这样可以极大增强支架的整体强度（图 1.3）。其连接杆可以使用联动装置连接起来，这种由两个单侧 I 型构成的支架又被称为 Ib 型。

第 2 种方法就是联合使用髓内针和外固定支架。这种方法弥补了半

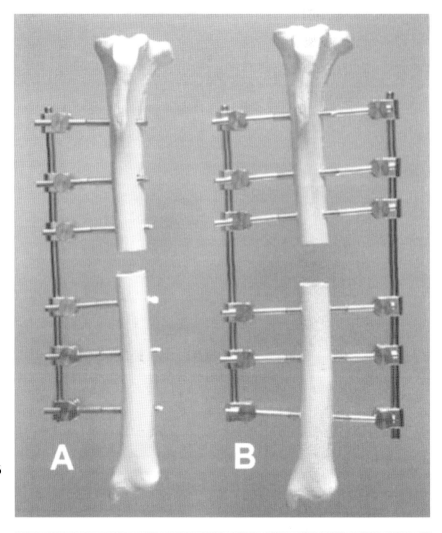

**图 1.2　单侧 I 型和双侧 II 型外固定支架**
（A）胫骨的单侧或 I 型外固定支架，包含 6 个半针。（B）胫骨的双侧或 II 型固定支架，包含 6 个全针

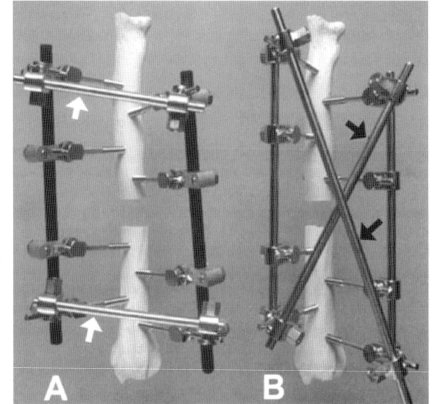

**图 1.3　桡骨 Ib 型外固定支架的前侧观**
（A）桡骨的两个单侧外固定支架，均包括 4 个半针，同时使用 IMEX-SK 固定连杆，搭建成 Ib 型。联动装置将两个连接杆的近端和远端连接起来。（B）使用 Kirschner-Ehme 固定连杆搭建的 Ib 型外固定支架。对角放置的中间连杆（黑色箭头）形成联动桥。注意这些连杆跨过了骨折区域，能够提供比（A）更强的坚固性

针相对较弱的力量，可用于胫骨、股骨和肱骨的固定。髓内针连接（嵌入）到单侧外固定支架上（图 1.4）。髓内针在长骨内能够维持良好的机械固定，可以强化单侧 I 型支架的固定作用，因此极大地增强了支架的强度。这种构型被称为 I 型搭接支架。

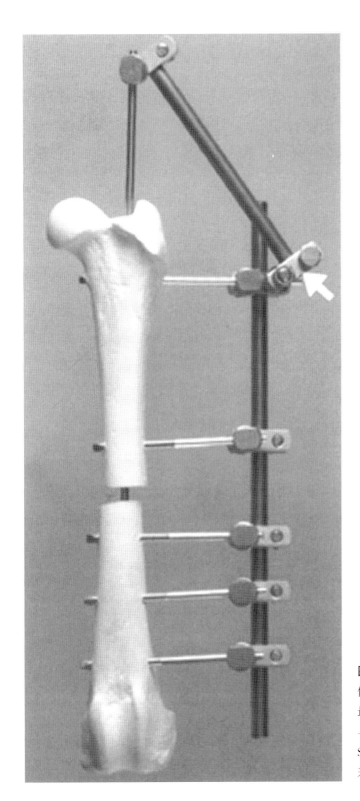

**图 1.4　使用髓内针搭接增强支架的强度**
使用 5 个半针的 I a 搭接支架的股骨前侧观。在最近端的固定针上将 IMEX-SK 连接杆（白箭头）与髓内针连接起来。借助连接夹，将 IMEX-SK 连杆与髓内针近端用一根短的连接杆连接起来，从而实现搭接

双侧或 Ⅱ 型外固定支架要求在近端和远端骨折碎片上至少各 1 个全针，在肢体两侧采用两个跨越骨折的连接杆将固定针连接起来（图 1.2）。当然，在每个大骨折碎片上仅使用 1 个固定针显然是不够的，可以在骨折近端和远端的骨碎片上再使用 1 个或更多的全针或半针。所以，这种类型的支架包括两个连接杆和至少两个全针（分别位于近端和远端骨折碎片）（图 1.5）。

多维或 Ⅲ 型外固定支架包括 1 个单侧或 Ⅰa 型支架和 1 个双侧或 Ⅱ 型支架（图 1.6）。在大多数情况下，单侧支架的半针与全针呈垂直角度分布；全针和半针的这种排列方向能够提供最大的强度。

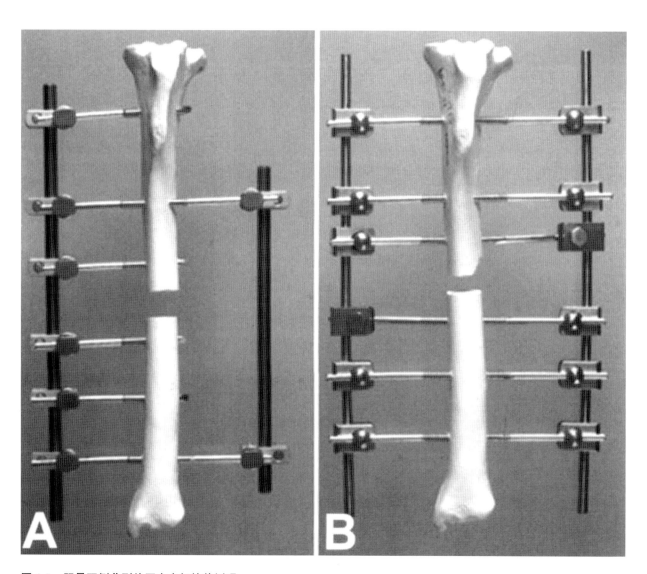

**图 1.5　胫骨双侧 Ⅱ 型外固定支架的前侧观**
（A）IMEX–SK Ⅱ 型支架。在近端和远端分别有 1 个全针和两个半针。（B）Securos Ⅱ 型支架。均使用全针，注意最中央的 2 根全针放置的平面与其他不同，这样具有更强的机械优势

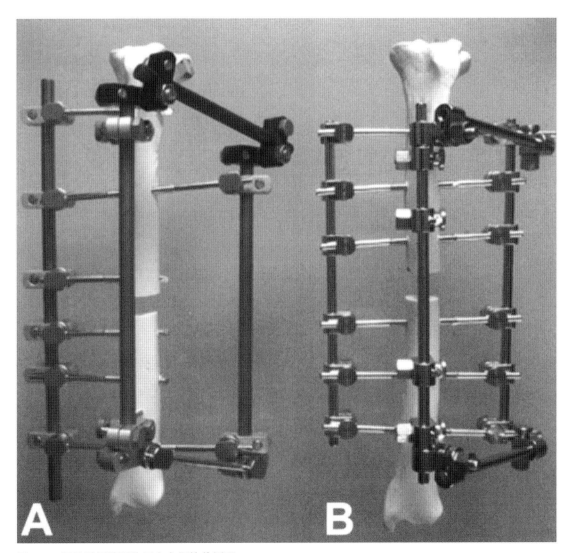

**图 1.6 胫骨双侧Ⅲ型外固定支架的前侧观**

（A）IMEX-SKⅢ型外固定支架。双侧部分的近远端各包括两个半针和 1 个全针。单侧支架使用两个半针，置于胫骨前侧。这两个支架通过近端和远端的联动装置连接起来。（B）Kirschner-Ehmer Ⅲ型外固定支架。双侧部分包括 6 个全针，单侧支架使用 4 个半针，置于胫骨前侧。在近远端使用双重连接夹将前侧放置的连接杆用短杆将近远端全针的外侧联动起来

  一般而言，外固定支架强度和刚度根据分型呈升序排列，即 Ia 型 < Ib 型≅ Ib 型搭接 < Ⅱ型 < Ⅲ型。这种分类具有实际用途，即当外固定支架的机械需求增加时，外科医生可以通过这种命名选择更高级别的类型。决定外固定支架总体结构的因素很复杂，包括固定针的数量、连接杆的强度、骨折间隙的长度和固定针从骨到连接杆的距离，以及外固定支架的类型（图 1.7）。既定外固定支架的强度是可以预料的。

  我们能够想象出很多种不同的外固定支架构型，却不能将它们清楚地归属于以上任何一种分类。尽管也有其他分类和亚分类（此处未列）的描述，但这些基本的命名涵盖了最常使用的支架。

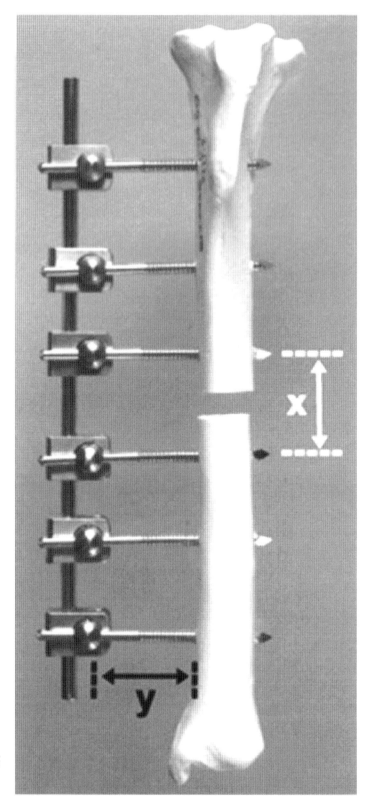

**图 1.7　影响外固定支架强度和刚度的因素**
胫骨 6 针 Ⅰa 型 Securos 外固定支架的前侧观。
影响其总体强度的因素包括：固定针的数量、
连接杆强度、骨折处邻近的两个固定针的距离
（$x$）和固定针从骨到连接杆的距离（$y$）

# 第 2 章
# 外固定支架的使用时机

对于起主要负重作用长骨的粉碎性骨折，可以使用 3 种固定系统，分别为：骨外固定支架系统、骨板和螺钉固定系统与交锁髓内钉固定系统。在特定病例中，作为上述固定方法的补充，我们可能会使用环扎钢丝、半环钢丝或拉力螺钉。附加使用髓内针有助于形成板 – 杆结构或外固定支架 "搭接" 结构，扩展了骨板和螺钉固定系统与外固定支架系统的使用范围。在选择使用外固定支架系统进行病例治疗时，我们要充分熟知其固有优点和缺点。

外固定支架系统是唯——种可以在术中和术后调整骨折准直的方法，也是唯——种不需要在骨折部位开放通路的方法。这种闭合性手术技术，能够保护骨折部位周围的软组织，从而最大限度地保存骨折愈合部位的骨外血供。另外，外固定材料不会直接放置在骨折部位上或骨折部位内，这对于处理继发于枪伤或其他贯穿伤的污染性骨折具有明显优势。

外固定支架能够在骨愈合过程中逐渐增加骨的负重，从而加速骨折愈合后期的骨愈合。Securos 支架和某些环形支架可以通过轴向动态加压功能来达到以上效果。任何外固定支架都可以逐渐拆卸，通过移除外部组件循序渐进地降低外固定支架的强度。其他固定系统则至少需要一个局部手术通路来拆除固定组件。某些交锁髓内钉系统可能会实现动态加压功能，但骨板和螺钉固定系统不会。

一旦长骨骨折达到临床愈合阶段，通常需要移除外固定支架来完成骨折愈合最后阶段的重塑。骨折临床愈合后，外固定支架的附加部分和固定针容易从骨中取出，不需要手术。通常，使用美托咪定深度镇静或丙泊酚短时麻醉，便可完成外固定支架的移除。相反，移除交锁髓内钉或骨板和螺钉需要全身麻醉和手术。

外固定支架相对其他固定系统还更加经济。大多数外固定支架的连接夹和连接杆相对便宜，许多还能重复使用。若使用骨板和螺钉或交锁髓内钉进行固定修复，均无法重复使用。三种固定系统所需器材的价格从低至高分别为：外固定支架系统、交锁髓内钉系统和骨板螺钉内固定系统。

没有一种固定系统是完美的，外固定支架系统也具有某些缺点，因此我们必须理解并克服它们以获得成功。外固定支架系统的连接组件远离骨的中心轴，因此当骨折部位受到破坏性外力时会存在机械劣势。相比之下，交锁髓内钉能够置于最佳位置以解决这一问题；骨板可以放置在靠近中心轴的位置，而且可以联合使用髓内针（板 – 杆结构）来加强支持作用。外固定支架系统由于其位于外部，因此支持作用最差。

外固定支架到骨中心轴的距离取决于周围软组织的厚度。受到局部解剖结构限制，特定骨骼进行外固定支架固定时存在不同程度的困难。胫骨骨折最容易使用外固定支架固定，桡骨/尺骨次之，股骨和肱骨最难。对于周围软组织很厚的骨折，例如股骨和肱骨，若使用外固定支架，通常需要结合使用"搭接"髓内针来实现稳定的支持功能。

事实上，固定针从体外穿透软组织并刺穿骨骼是有很多挑战的。固定针的软组织通道（针道）破坏了正常的机体防御，从而提供了细菌进入体内的通道。另外，我们必须注意每个固定针位置的组织断层解剖结构，以避免损伤重要的神经血管和肌腱。外固定支架的术后护理相比内固定系统有更高的要求。术后必须保持针道的清洁，也要注意支架外部构件存在损伤动物、动物主人或者动物医院工作人员的可能性。

下面所述是外固定支架使用时机的通用原则。外固定支架最适用于骨干骨折修复，特别是胫骨和桡尺骨骨折。外固定支架在使用闭合式方法修复胫骨和桡尺骨骨干高度粉碎性骨折时最有效。尽管外固定支架也能成功用于股骨和肱骨骨干骨折，但在高度粉碎性骨折需要加强支持功能时，则首选板－杆结构或交锁髓内钉进行固定修复；骨折程度较低时，也可以选择使用联合髓内针"搭接"的外固定支架。

对于体型极小的动物，不能使用交锁髓内钉技术，有时兽用可缩减骨板和小号螺钉也可能太大。在这种情况下，单独使用丙烯酸杆支架（利用克氏针粗细的末端螺纹固定针，这是最小针骨界面的固定针）或结合小号髓内针可以达到良好效果。

长骨的不对称骨折，只要较短的一侧可以放置足量的固定针，外固定支架就能够修复。通常建议一侧至少使用 3 枚固定针。如果骨折可能愈合较快而且动物温顺配合，那么使用两枚固定针也可以。在成年动物桡骨骨折，桡骨近端骨片太短时，可以利用尺骨近端作为固定针的固定点。对于成年动物不同位置的骨折，还可以将外固定支架延伸越过关节，以便放置更多的固定针。当使用这种方法时，需要以生理角度制动关节，并且尽早移除越过关节的支架部分。关节骨折需要良好的解剖对位和内固定，这时可用外固定支架越过并保护脆弱的关节内固定修复。

当骨骼损伤需要制动关节时，使用能达到预期效果的最简单技术即可。例如，在周围软组织未损伤时，若要保护重建的跗关节侧韧带，使用铸型制动关节就比跨关节的外固定支架容易得多。然而，如果是因为严重的撕裂伤造成的侧韧带损伤，那就需要每天处理，外固定支架可以提供创伤处理窗和坚固的关节制动。

关节融合时，可以单独使用外固定支架或结合内固定方法使用。若关节周围组织正常，全腕关节融合时首选骨板和螺钉固定系统。外固定支架技术是跗关节融合术中的若干方法之一。当继发于严重的软组织撕裂伤而必须进行关节融合时，外固定支架通常作为手术整体策略的重要部分。

如果骨折断端一侧非常短且包含未闭合的生长板，需要认真考虑其他固定技术。外固定支架不能跨越生理活跃的生长板（注意与 X 线片中显示的未闭合但生理不活跃的生长板区分）。即使外固定支架没有跨越生长板放置，最靠近生长板的固定针也不能破坏生长板功能。桡尺骨远端骨折可以使用 I b 型外固定支架进行修复，而且半针只能刺穿桡骨，不能触及尺骨。

由于外固定支架的术后护理比内固定方法要求更高，因此只能适用于特定的动物和主人。如果动物性情不稳定或暴躁，选择内固定技术。如果动物主人神经质，或者由于其他原因无法积极完成所需的术后护理，也选择内固定技术。

# 第3章
# 术前管理

## 初始治疗和体格检查

恰当的骨折管理起始于创伤后患病动物的初诊。尽管骨折是损伤中最引人注目的一种，但以一种简单且分步的方法对动物进行治疗能够确保临床医生注意到他们的代谢需求，而且不会忽略并发损伤。骨折及其相关创伤的初始治疗非常重要。创伤管理和合适的绷带包扎会缓和动物疼痛，降低发生感染的概率，提高软组织的健康度，并减少出血和水肿。适当注意这些因素能够使骨折修复更加容易，且提供更好的骨折愈合环境；反之，不适当的管理会使修复和愈合变得非常复杂（图3.1）。

导致骨折的创伤类型能够提示动物损伤的严重度。轻度创伤时，如从较低的高处摔落或摔倒，动物通常无碍。如果动物因遭受车祸而骨折，则几乎总会有其他并发损伤。患病动物通常存在一定程度的休克，其症

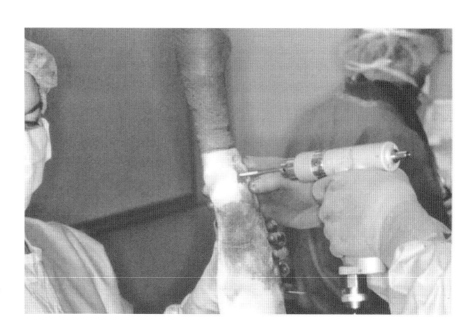

**图 3.1　肢体的术前管理**
该肢体未使用绷带包扎，造成肢体过度肿胀，从而掩盖了正常的解剖标志

状包括黏膜苍白、毛细血管再充盈时间（CRT）延长、心率和呼吸速率增加。首先要建立静脉通路，并使用晶体液治疗休克。对于大部分病例而言，可以在最初的 30min 按 40mL/kg 给予乳酸林格氏液（LRS）。然后对动物进行重新评估，如果仍处休克状态，则在以后的数小时内再次给予 40mL/kg 的 LRS。如果 CRT 和心率正常，也恢复生成尿液，按照 15ml/（kg·d）的速度维持输注 LRS。

始终需要对动物进行仔细的体格检查。如果动物就诊时病情不稳定，就无法立即对动物彻底检查。如果最初未进行完整的体格检查，要在病历中进行记录；待动物稳定后，再进一步治疗或 X 线检查前尽快实施体格检查。

要通过神经学检查评估脑或脊髓损伤。如果动物在最初的休克治疗后仍然处于昏迷状态，要怀疑存在颅脑损伤。此时要进行瞳孔对光反射和脑神经检查。脑损伤的表现包括双侧瞳孔大小不等、瞳孔对光反射异常（放大或缩小）、脑神经功能丧失。

脊髓损伤的评估要在治疗休克之后和给予镇痛药之前进行。如果动物休克及因头损伤给予了强效镇痛药而处于昏迷状态，则可能无法进行准确的脊髓评估。如果动物精神状态正常，神经学检查要从评估动物肢体远端的痛觉反应开始。前肢的感觉由桡神经、尺神经和正中神经传入。使用止血钳钳夹第 2 指（正中神经和尺神经）、第 5 指（尺神经）和掌背侧的皮肤（桡神经），直到动物意识到疼痛刺激。前肢回缩不是感觉神经通路完整的标志，高位颈椎或颅脑损伤时都会出现。后肢的感觉由坐骨神经和股神经传入。与前肢类似，应钳夹第 2 趾（股神经）和第 5 趾（坐骨神经）来评估动物对疼痛刺激的反应。同样，后肢回缩并不必然提示存在疼痛意识，第 3 腰椎前的脊髓损伤都会出现。需要注意的是，动物使用强效镇痛治疗后，对轻中度刺激也没有反应。另外，如果动物对轻中度的脚趾刺激没有反应，也可能是因为骨折处疼痛太强烈。

创伤后，最可能发生单处骨折，但临床医生必须要确定没有其他骨折或并发的脊髓损伤。发生单处骨折的动物，应该可以使用其他三肢负重。然而，如果动物不能负重但精神状态正常，要怀疑存在脊髓损伤或其他肢体的损伤。要进行胸部和腹部 X 线检查（见下文），并触诊其他肢体看是否存在骨折或脱位。如果动物可三肢站立，要评估是否存在本体感受缺失，来发现轻度的神经损伤。本体感受检查时，要对动物适当支撑。骨折患肢很少会正常触地，因此，不需要对患肢进行本体感受检查。负重肢体的脊髓节段反射也要进行检查。

如果动物表现明显的极度疼痛或暴躁，应在镇痛和／或镇静后进行完整的骨科检查。检查口腔，看是否存在齿折。四肢都要进行骨科检查，其中患肢最后检查。检查从指／趾部开始，然后向近端依次进行，评估每一个骨和关节，检查是否存在骨折和关节松弛。患肢触诊要轻柔，尤其是要仔细寻找被毛覆盖下的创伤，看是否存在开放性骨折。触诊骨盆检查对称性，触诊脊柱评估疼痛和一致性。体格检查还要包括腹部触诊和胸部听诊。

## X 线检查

务必要拍摄胸部侧位和腹背位 X 线片。动物发生车祸时，通常会并发胸部和肺损伤，因此要进行 X 线检查。轻度创伤的动物也可能会并发胸部损伤。给予镇痛剂会方便 X 线检查，并且使动物舒适。胸部 X 线检查要评估是否存在气胸、肺挫伤、膈疝、心脏和大血管形态异常等，同时也要评估脊柱和肋骨。也要拍摄腹部 X 线片；很多临床医生往往会忽略腹部 X 线检查，尤其是在骨折轻微、腹部触诊正常及胸部 X 线片正常时。腹部 X 线检查包括侧位和腹背位，要评估是否存在腹部浆膜细节降低（提示血腹或尿腹）、腰下肌群分层伴有内脏向腹侧移位（提示腰下出血）以及腹壁和膀胱是否完整。

同时，需要对患肢进行侧位 X 线检查，来初步评估骨折，确定客户沟通方案和手术计划。手术前还要在全身麻醉或麻前给药（可能的话）后拍摄高质量的前后位和侧位 X 线片。这些 X 线片要确保良好的摆位和拍摄技术，以发现是否存在骨裂痕。

## 绷带包扎

动物稳定后，也进行了 X 线检查和辅助诊断检查后，就要对患肢进行适当的护理。肢体远端骨折尤其是桡尺骨和胫骨骨折，必须进行绷带包扎。最好将动物镇静和麻醉（见下文），以提供一小段时间进行确实的绷带包扎。通常采用罗伯特琼斯绷带包扎技术。绷带包扎有多种目的。首先，也是最重要的，罗伯特琼斯绷带可以制动患肢，其性能与固定层敷料的大小和数量有关。绷带较大时，即使动物不经意地负重或运动，也不会使患肢弯曲。大量绷带包扎后，有压迫作用，可以减少和防止水肿。合理的包扎能够减轻患肢肿胀，有利于手术时骨折复位和固定针放置。绷带包扎还可以减少出血和骨片间的活动性（骨片间的活动会加重出血和软组织损伤）。另外，患肢手术固定前，对患肢进行绷带固定能够使动物舒适。与镇痛药一样，这对缓解疼痛十分重要。

罗伯特琼斯绷带的敷料层与特定损伤有关。对于闭合性骨折，不需要使用敷料层；擦伤和撕裂伤使用非黏性敷料；脱套伤和Ⅲ级开放性骨折使用湿纱布。罗伯特琼斯绷带的固定层是脱脂棉卷，很小型的犬例外。脱脂棉的用量要充足，每20kg体重使用1卷轴脱脂棉（1lb或500g）。脱脂棉卷易于获得、价格便宜，便于做大绷带包扎。绷带的外直径决定了肢体制动的效果，所以绷带包扎的要足够粗。使用时，应该将脱脂棉卷层间的纸去除，分成2小卷供大型犬，分成3小卷供中小型犬。然后缠绕纱布绷带，最后缠绕自粘式弹性绷带（图3.2）。

绷带包扎时，动物要深度镇静或麻醉。使用马镫将患肢悬吊在静脉输液架上，动物几乎拉离手术台面，这类似于骨折修复时患肢的悬吊（图3.3）。这种方法能够使肢体保持准直，而且绷带包扎的更靠近端。

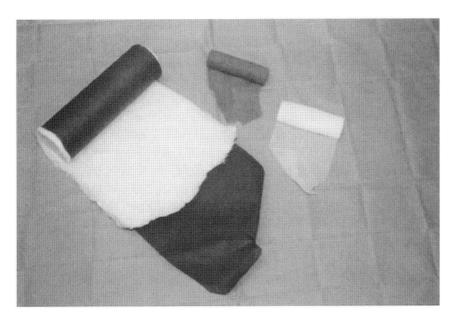

**图3.2 罗伯特琼斯绷带的第2层材料**
脱脂棉卷经济，可以实现大绷带包扎的需求。纱布卷轴绷带用于裹紧脱脂棉绷带

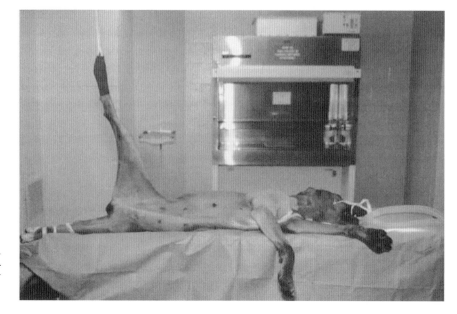

**图 3.3 肢体悬吊技术**
这种方法有利于罗伯特琼斯绷带的包扎，可以使肢体持准直、骨折分离，有助于绷带包扎更靠近端

脱脂棉卷轴绷带的缠绕要从近端向远端进行（覆盖于敷料层之上），逐渐形成一个圆柱体（图 3.4）。然后使用纱布卷轴绷带均匀裹紧，要平整无突起。有 3 个重要的"技巧"可以确保纱布卷轴绷带缠绕合适。第一，轻力缠绕第 1 层，然后施加不断增加的力缠绕之后的每一层；第二，使用相对较宽的纱布卷轴绷带，并且保持纱布卷轴贴近脱脂棉绷带；第三，采用螺旋包扎法缠绕纱布卷轴绷带，而不是环形包扎法（图 3.5）。最外一层是自粘式弹性绷带，Vet Wrap 效果最佳。Vet Wrap 也要缠绕紧实（图 3.6）。

罗伯特琼斯绷带不能用于肱骨和股骨骨折。这种绷带很重，而且绷带的顶端可能恰位于骨折处。罗伯特琼斯绷带是通过制动骨折上下两个关节来固定骨折的，不能固定髋关节或肩关节。注意：允许关节活动的罗伯特琼斯绷带不是罗伯特琼斯绷带。

**图 3.4　缠绕脱脂棉卷绷带**
大量脱脂棉缠绕成圆柱体，包扎尽可能靠近端，
远端越过趾部

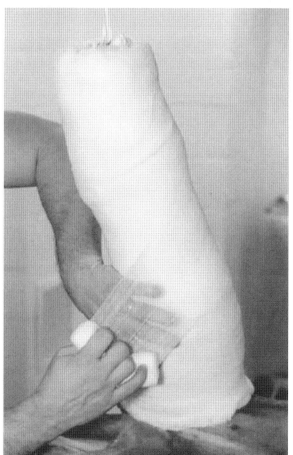

**图 3.5　缠绕纱布卷轴绷带**
轻力缠绕第 1 层，然后施加不断增加的力缠绕
之后的每一层。使用宽纱布卷，并保持纱布卷
轴贴近脱脂棉绷带。以螺旋包扎法缠绕纱布卷
轴绷带

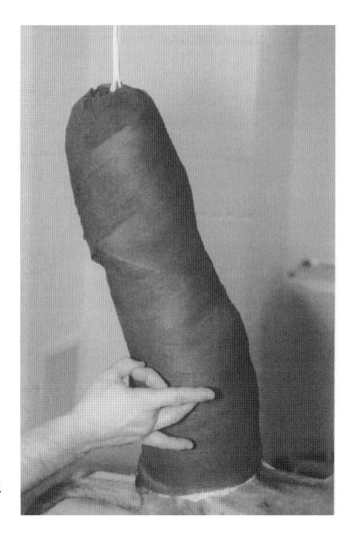

**图 3.6　第 3 层（保护层）**
绷带的最外层（第 3 层）使用 Vet Wrap 或相似
材料。罗伯特琼斯绷带的最外层要裹紧

## 开放性骨折

　　肢体远端的开放性骨折也可以使用罗伯特琼斯绷带进行治疗，但必须对创伤进行良好护理。根据软组织的损伤程度和骨折碎片的暴露程度，可以对开放性骨折进行分级。Ⅰ级开放性骨折是骨折时骨碎片短暂刺出皮肤。尖锐的骨碎片割裂组织，未引起过多的组织坏死，在皮肤上形成贯穿伤。Ⅰ级开放性骨折通常是简单骨折，提示骨和周围软组织受损能量低。所有开放性骨折的治疗都需要在无菌术条件下进行，包括无菌手套、口罩和手术帽。在麻醉或深度镇静下，将无菌水溶性凝胶涂于创口内再剃毛，可防止被毛进入创内埋植在皮下组织中。按手术要求对肢体刷洗和准备。使用止血钳温柔地探查创伤，寻找是否存在碎屑、广泛的软组织损伤或化脓。然后使用 500~1 000mL 0.9% 生理盐水或乳酸林格氏液冲洗，冲洗液中不要添加抗生素或抗菌剂。冲洗液要完全流出创口，不能注入组织中或沿组织面扩散。可使用配 18 G 针头的 35mL 注射器冲洗，能够提供合适的冲洗压力。必要时，切除创口边缘的皮肤，使用不可吸收单丝缝线简单间断缝合。最后使用非黏性敷料覆盖和罗伯特琼斯绷带包扎。如果创口受碎屑严重污染，或超过 6h，或发生明显感染，那就不能闭合创口，需要按照Ⅱ级开放性骨折治疗。

Ⅱ级开放性骨折发生于外力造成的骨折。由于外力是通过软组织施加到骨上的，所以会造成中度软组织损伤。通常会存在超过 1 cm$^2$ 的皮肤缺损或坏死区，软组织内有碎屑或被毛。患病动物麻醉后，按照与Ⅰ级开放性骨折相似的处理方法探查和冲洗创口。任何失活皮肤、筋膜或肌肉都要锐性清除。冲洗液的量要超过 2L。清创和冲洗需要持续进行，直到所有组织中没有异物，看起来健康有活力（图 3.7）。如果所有组织有活力、没有明显感染、创内无异物、轻微出血、暴露在 6 h 内、可无张力闭合，则创口可以闭合。深部结构用单丝可吸收缝线缝合，皮肤用单丝不可吸收缝线缝合。如果创内存在失活组织、大量炎症或出血，或创口不易闭合，则要保持创口开放。如果存在任何影响创口安全闭合的因素，就要保持创口开放。最后将用生理盐水湿润的纱布覆盖于创口上，采用罗伯特琼斯绷带包扎。

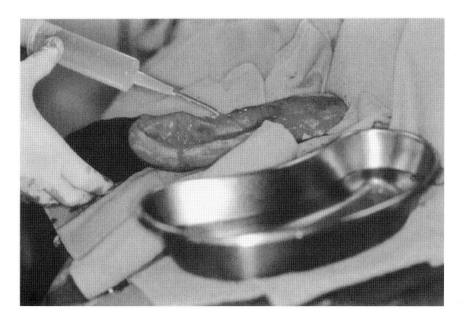

**图 3.7　开放性骨折的清创和冲洗**
Ⅱ级和Ⅲ级开放性骨折（见文中）要清创和充分冲洗，直到无异物、组织看起来健康有活力

Ⅲ级开放性骨折发生于骨和周围组织遭受大能量损伤时，造成大量组织的结构或功能丧失。组织结构丧失包括剪切伤或脱套伤。功能丧失包括因挫伤或血供丧失导致的组织失活，如伴有骨折或骨丢失的四肢远端剪切伤和脱套伤、高速枪伤、短射程霰弹伤、伴有骨折和碎屑嵌入的钝伤（如割草机损伤和土路或人行道的挤压伤）。伴有感染创的骨折就是Ⅲ级开放性骨折，即使初始为Ⅰ级或Ⅱ级，但因感染造成组织坏死。Ⅲ级开放性骨折的治疗务必要谨慎。动物麻醉后，按照Ⅰ级和Ⅱ级开放性骨折描述的方法准备。

清创术要在手术室内的无菌环境下操作，而不是在非无菌的治疗区。细致地清创是开放性骨折治疗中最重要的一个方面。如果不能彻底清除失活组织，那它们将作为细菌繁殖的良好培养基。肢体远端皮肤的清创要尽量保守，但死亡或严重失活的皮肤则必须清除，直到皮肤边缘出血、看起来是粉红色。如果肢体远端皮肤看起来具有存活的可能性，则应该保留并且在24h后第2次清创时重新评估。要毫不犹豫地清除筋膜，因为它们是可清除的，而且血管相对较少容易引起感染（图3.8）。暴露的肌腱和韧带如果失活不再具有重要的支持作用，也要清除。如果起主

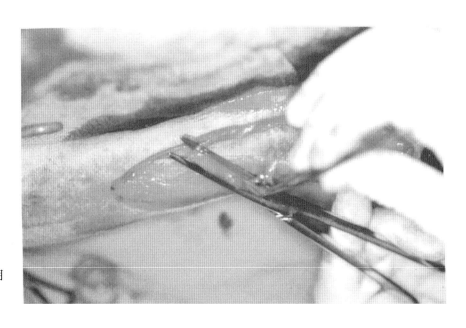

**图 3.8　Ⅲ级开放性骨折的清创**
失活皮肤使用手术刀锐性刮除，失活筋膜使用
Metzenbaum 剪去除

要支持作用的肌腱和韧带（如跟腱）暴露，必须保持湿润并尽快用富含血管的软组织覆盖。失活的肌肉也要清除。当骨折碎片能够提供支持作用或仍存在软组织联系时，应当将它们保留。对于无软组织联系的小块骨碎片要将其清除。保护和保留神经与大血管。

在采用外固定支架进行最终骨折整复前，Ⅲ级开放性骨折可以保持开放，并且使用罗伯特琼斯绷带固定 1~2 天，以利于软组织愈合和止血。这对伴有脱臼的肢体远端脱套伤尤为有用，因为损伤后立刻进行手术固定可能会破坏血供。延迟手术 1 天或多天可给予四肢远端充足时间来改善血供。然而，务必要确保在骨失活前对开放性骨折进行稳定，即使仅暴露出非常小的骨碎片。在紧急情况下，通常需要手术方法来稳定Ⅲ级开放性骨折。这时，可在无需对骨折有效复位和固定的前提下，在合适的位置放置外固定支架，只为每天更换绷带包扎和反复清创。

肱骨和股骨的开放性骨折与四肢远端的开放性骨折治疗方法类似。然而，对于小的、位于肢体近端的创伤，可以使用打包绷带，禁忌使用罗伯特琼斯绷带。用 2-0 到 0 号的单丝缝线在距离创口 4~5cm 处缝疏松的结扣。创口覆盖非黏性敷料或生理盐水浸湿的纱布，然后放置数层干纱布，再将不透水的手术创巾剪成合适大小覆盖于纱布上，最后使用全棉脐带线或粗缝线穿过之前的结扣将绷带固定起来,就像系鞋带一样。

## 镇静、麻醉和镇痛

X 线检查、绷带包扎和清创均需要镇静，而且通常需要短时间麻醉。可以给予多种不同的药物。根据世界不同地区药物的可获得性和使用广泛性的不同，用药的方案也不同。本书一位作者使用以下的组合：镇静和麻前给药时，联合使用布托菲诺、乙酰丙嗪和格隆溴铵。将这些药物按下述比例混合成 50mL：

| | | | |
|---|---|---|---|
| 布托菲诺 | 10.0mg/mL | （0.20mg/kg） | 10.0mL |
| 乙酰丙嗪 | 10.0mg/mL | （0.05mg/kg） | 2.5mL |
| 格隆溴铵 | 0.2mg/mL | （0.01mg/kg） | 25.0mL |
| 0.9% 生理盐水 | | | 12.5mL |
| 总量 | | | 50.0mL |

这种组合的使用剂量为 0.1mL/kg 肌内注射（im）或 0.05mg/kg 静脉注射（iv），药物完全起效时间为 15~20min。这种组合的作用时间足够绷带包扎或 X 线检查。如果需要对十分疼痛的动物进行绷带包扎或创伤管理和清创，则需要短时间麻醉，可再给予丙泊酚，以 4 mg/kg 的剂量缓慢静脉推注至起效。另一种短期麻醉方案就是联合使用氯胺酮和地西泮，将这两种药物等量混合，以 0.1mL/kg（1mL/10kg）的剂量静脉推注至起效。必要时，按该剂量的 1/4 追加。使用氯胺酮和地西泮后，动物的苏醒质量偶尔不平稳，如果出现这种情况，可静脉给予 0.05mg/kg 乙酰丙嗪。其他镇静和麻醉方案请按照术者的要求选用。

动物镇静或麻醉起效后，要在手术前给予镇痛剂。常用药物是丁丙诺啡（0.01mg/kg im 或 iv，每 6h 一次）。布托菲诺容易获得，但其镇痛效果相对较差；布托菲诺剂量为 0.4mg/kg，iv 或 sc（皮下注射）。吗啡剂量为 0.3mg/kg，每 4~6h 一次。芬太尼贴剂的使用越来越普遍，可粘贴在动物剃毛的皮肤上，提供持续镇痛作用。芬太尼贴剂在 12~36h 达到治疗需要的血药浓度。体重 ≤ 10kg、10~20kg、20~30kg 的犬分别使用 1 个 25μg/h、50μg/h、75μg/h 贴剂，体重超过 30kg 的犬使用 2 个 50μg/h 贴剂。小体型猫使用半个 25μg/h 贴剂，大体型猫使用 1 个 25μg/h 贴剂。

上述镇痛药物也可以在术后给予。另外，在术后最初的 1~2 天，也可以给予非甾体类抗炎药（NSAIDs）。作者通常使用卡洛芬 2mg/kg 口服，术后第 2 天开始，连用 1 周。NSAIDs 和镇痛剂可发挥协同镇痛作用。

# 第4章
# 骨折复位

## 患肢悬吊技术

肢体骨折复位是骨折修复中最重要、通常也是最难的部分。肢远端骨折放置支架时非常实用的一项技术就是在手术台上悬吊患肢。该技术可以实现多个目的。若实施得当，悬吊患肢可以使骨折复位。患肢伸展时，骨折断端分离，软组织紧绷，骨碎片被牵拉恢复准直。骨折近端和远端的关节也会变得相互平行。术者可通过调整肢远端和近端部位的准直来纠正旋转畸形。这种调整眼观即可，而且无需助手帮助。

悬吊肢体时，需要手术台上方有一挂钩，而且手术台可升降。Halter钩、环或固定在天花板上的架空输液挂钩都能很好地实现悬吊目的。也可使用手术无影灯和输液架；但可能不安全，也不易调整，或污染已消毒的术野。

患肢按肢体远端手术要求行外科准备。将骨科胶带粘贴固定在足部，预留很长的末端（图4.1）。骨科胶带应足够牢固，防止牵拉后脱落，但又不能太紧影响血供。保定患病动物，将患肢绑在架空挂钩上，升高手术台，保持轻度至中度的拉力。术者从前（或后）与侧面观察，挂钩、胶带及患肢呈一条直线（图4.2和图4.3）。触诊爪部和肢体远端，确认无旋转。最后的外科准备与肢体远端骨科手术的悬吊肢准备类似，只是不做悬吊放下。铺设四块隔离巾，再在肢体两侧各铺设1块创巾，这样患肢不用穿过创巾洞。足部及胶带用无菌的自粘弹力绷带包裹到术者所能接触到的高度（图4.4）。术者要注意在足部缠绕无菌绷带过程中可能会引起肢体旋转。

手术复位前一刻，将手术台降低至动物体在手术台上刚刚抬起。这样会形成相当大的拉力（大约1/2体重），尤其是大体型动物，但不会造成动物损伤。胫骨骨折时，近端骨碎片倾向后侧偏离，远端骨碎片倾向前侧偏离；如果胶带粘贴跗关节而非趾部固定，肢体会更准直。

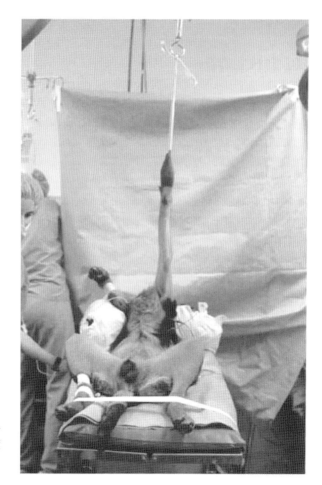

**图 4.1　肢体悬吊技术**
用挂钩将患肢悬吊于手术台上，眼观垂直。通过降低手术台，使患肢伸展，直至施加轻度拉力

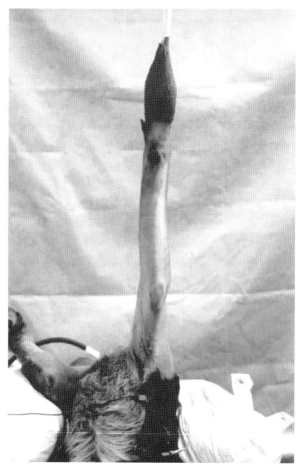

**图 4.2　后前校准**
该患肢为桡尺骨骨折，可看出肢体长轴呈一条直线，关节表面相互平行

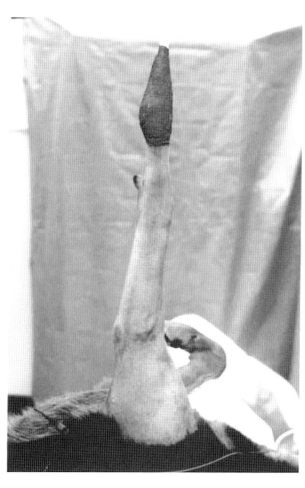

**图 4.3　侧面校准**

桡尺骨看起来呈直线，但爪部、桡骨远端、桡骨近端和肘关节发生旋转

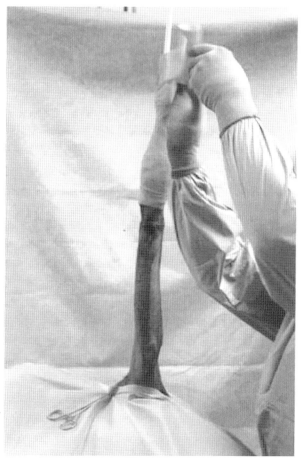

**图 4.4　无菌准备**

在患肢周围铺盖无菌创巾，并用止血钳夹持固定。足部用灭菌弹力绷带包裹

## 有限通路下的简单骨折复位

外固定支架最大的一个优势就是放置后对骨折的生物环境影响最小。固定针与骨板不同，是横向贯穿骨的，这样不会造成软组织和骨膜的明显分离。固定针与髓内针也不同，不会破坏髓腔内的血供。多数病例，可以在尽可能小的骨折暴露下进行复位及固定。骨折愈合所需的干细胞来源于骨外膜，软组织联系可以迅速形成临时的骨外血供，从而使外固定支架固定的骨折断端迅速愈合。也可在骨折完全暴露的情况下放置外固定支架，通常是用于髓内针和／或环扎钢丝固定术的辅助。

胫骨和桡骨的横骨折或短斜骨折，最好采用有限通路复位。尽管可以做闭合性复位，但是大骨碎片通常很难拉开，如果不能对大骨碎片直接操作，断端很难完美复位。对于简单骨折，直视骨折线可以确保良好的复位和准直。另外，可以看到骨折断端是否有大的骨裂。骨折暴露后放置固定针更容易，可以接近但不影响骨折断端。

有限通路可以直视骨折线，但不侵害骨折生物环境。要尽可能保证骨膜及软组织的完整性，不要将其与骨分离。可使用尖头复位钳进行骨折复位，避免撕裂和分离骨膜或软组织。

桡骨骨折时，经内侧通路暴露骨折线，从腕桡侧伸肌和腕桡侧曲肌之间切开。在肢体远端，很容易触诊到桡骨，但在前臂近端，桡骨被旋前圆肌覆盖。通常，皮肤切开 5~8 cm，然后切开前臂深筋膜暴露骨折。横骨折时，可用骨膜剥离子将两个断端撬动借助杠杆作用复位。也可使用复位钳夹持断端复位，但是要小心避免骨裂进一步加重。横跨骨折线夹持尖头复位钳可以使斜骨折复位。通常也可横穿骨折线暂时放置克氏针，使横骨折或短斜骨折复位（图 4.5）。在外固定支架放置完成后，拆除克氏针。放置 2 个固定针和连接杆后，确认和完成最终复位。

胫骨骨折时，也通过内侧通路暴露骨折线，注意不要伤及内侧隐动静脉和隐神经的头侧分支。这些通常可隔着皮肤或切开皮肤后触诊到。骨折复位通常也需要借助骨膜剥离子和复位钳。另外，与桡骨复位类似，在放置外固定支架时，横穿骨折线放置克氏针对胫骨骨折复位也很有帮助。

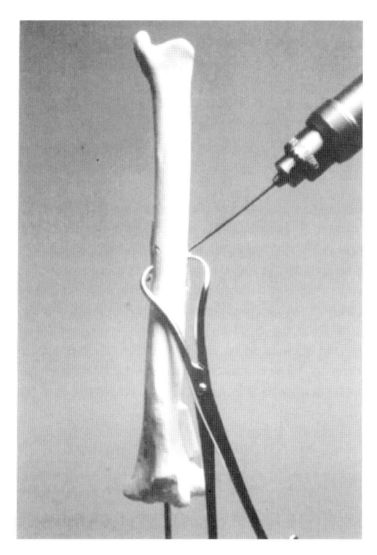

**图 4.5　暂时复位**
使用尖头复位钳夹持斜骨折复位。横骨折和短斜骨折也可以用小的克氏针横穿骨折线暂时复位

## 粉碎性骨折的闭合性复位

肢体远端高度粉碎性骨折可以通过外固定术以非开放性通路进行有效修复。小碎片无论如何都不能再复位，即便暴露骨折线对骨折复位也不会有帮助。另外，暴露骨折线可能进一步破坏供应骨碎片的软组织和血供，增加了死骨形成和延迟愈合的概率。因此，肢体远端高度粉碎性骨折应采取非开放式通路固定。

高质量的 X 线片对放置固定针及探查骨裂非常重要；骨裂在复位时可能加重，放置固定针时务必要避开。最好采取麻醉状态下的床旁 X 线摄影，这样可维持术中要求的骨骼张力状态。在 X 线片中确定预放置固定针的位置，用测量尺获得到骨性标志的距离。肢体严重损伤或者当时未使用罗伯特琼斯绷带时，肢体会肿胀很大，无法做到精确的骨定位。这时可通过测量到副腕骨、鹰嘴、髌骨、跟结节等这些明显骨标志的距离来定位。近端和远端固定针要距关节面 5~10mm；骨折线两端要有固定针。固定针放置位点与骨折线的距离与术者精确放置固定针的能力及是否存在骨裂有关，一般为 20~40mm。

单纯使用悬吊肢体技术复位骨折放置外固定支架时，要特别注意从多个面确认肢体准直，而且骨折近端和远端关节相互平行。首先放置最近端和远端的固定针，用于进一步确认患肢准直。术中 X 线检查或透视检查对于确认骨骼准直非常有用，但是这些技术可能无法实现，也不是必不可少的。准直最重要的轴线是内外侧面和扭转。内外侧面失准直会造成肢体外翻或内翻成角畸形，从而导致邻近关节应力异常，必须避免。前后侧面轻度失准直是可以接受的。因为邻近关节（肘关节和腕关节；膝关节和跗关节）在这个平面内屈伸，轻度的偏差不会导致关节的异常应力。

根据 X 线片的定位来放置其他固定针，完成外固定支架的放置。可以使用 1 根小的克氏针透过皮肤定位骨骼，避开骨折线。在放置固定针的过程中，钻引导孔或放置固定针不能清楚地分辨出两层皮质，或者固定针不稳定，应重新放置。

# 第5章
# 固定针的放置

外固定支架针 – 骨界面的重要性再怎么强调也不为过。与外固定支架其他操作一样，将固定针放入骨骼的概念非常简单，但陷阱往往隐藏在细节之中。技术上轻微的改变都会严重影响针 – 骨界面的质量、完整性及寿命。为了避免外固定支架（ESF）的问题及并发症，术者需要有扎实的放置固定针的技术和知识，并全面理解为什么技术上的轻微改变都会导致外固定支架针 – 骨界面的过早衰弱甚至失败。

骨骼是有活力有反应的组织。若希望固定针在整个骨折愈合期（通常为8周或更长）保持稳定，必须要防范任何可导致骨重吸收或固定针松动的不良反应。临床实践中，这些不良反应通常由局部骨烫伤、局部应力过大或二者同时发生导致。

## 避免骨烫伤

与骨烫伤相关的固定针过早松动是非常普遍但是常被忽视的外固定支架并发症。虽然骨烫伤导致的骨损伤量非常小（可能仅为固定针周围0.1mm的范围），但其至关重要，完全成为针 – 骨界面中的"骨"面。烫伤骨逐渐坏死，由一层纤维结缔组织替代，故可能引起固定针微动，反过来进一步导致与应力相关的骨破坏和骨吸收。最终导致固定针在骨愈合前松动，该并发症本可通过注意放置固定针的技术细节而加以避免。

骨烫伤可以通过加强放置固定针的技术细节来避免，这点对术者来说非常重要。骨暴露在50℃时即可导致微血管损伤，随之骨重吸收，被纤维结缔组织取代。不幸的是，放置固定针时局部骨温度很容易因为摩擦达到50℃。当前使用的大部分固定针都是三棱尖的。三棱尖制作成本低，但钻骨效率低下。由于固定针钻入骨产生的骨渣难以排出，并在固定针周围压缩，这就加剧了三棱尖造成骨烫伤的能性。（将三棱尖固定针的设计与骨钻头杆相比，后者有螺旋形通道可以排出骨渣）。被压缩的骨渣进而增加摩擦产热，所以三棱尖固定针钻速越快，局部温度越高。

已经设计出一些方法可以用来预防或减少固定针放置过程中的摩擦产热。有人提倡手工放置（即不使用任何电动工具），但这对于大多数术者来讲太慢太费劲。此外手工放置时会产生不同程度的"晃动"，导致钻孔变形过大，进而导致针 – 骨界面不佳，在骨愈合前松动。在放置固定针过程中，连续滴水可能会限制温度升高，但相对费劲且不实际，而且在通过深层软组织时放置固定针时无降温效果。很少有术者在放置固定针过程中常规使用滴水降温。电钻或固定针驱动器可轻松准确地放置固定针，若钻速不超过 50r/min，大多数情况下可避免骨烫伤坏死。但是在放置固定针之前最好预先钻孔。通过使用锐利的相当于固定针直径 98% 的骨钻头可准确迅速地钻孔，且无明显骨烫伤坏死的风险。然后将固定针钻入预先钻的孔内，形成准确紧密的针 – 骨界面，且固定针周围骨具有活力。

## 避免局部应力过大

可通过一些方法减少针 – 骨界面过度的应力，其中大部分方法都旨在增加固定针与骨之间的接触面积。直径更大的针具有相应更大的针 – 骨接触面，故可在针 – 骨接触面产生更少的应力。然而大于骨直径 30% 的固定针可使骨变弱并可能导致病理性骨折，故应避免使用过大的固定针。通过增加放置在各骨碎片上的固定针数量可降低每个针 – 骨界面的应力，故外固定支架放置的固定针数量越多，越有助于减少骨愈合前的松动。然而其他因素（骨碎片大小、骨形态等）都极大限制了可用固定针的数量；故实际上，在每块主要骨碎片上放置 3 或 4 根固定针（有时 2 根）较为合适。螺纹针较滑面针具有很多优点，尤其是螺纹显著增加了针 – 骨接触面，从而减少了局部应力，保护了针 – 骨界面（图 5.1）。一些临床回顾研究表明，螺纹针（特别是阳螺纹）比滑面针更能抵抗松动。另一个可能影响骨愈合前固定针松动的因素是针的硬度，不同的固定针，即便直径相同，也可能具有不同的硬度。硬度相对较大的固定针往往能使压力平均分布在近端和远端骨皮质，然而硬度较低的针往往会弯曲导致近端骨皮质压力较大。这种局部应力现象会导致骨重吸收，进而造成早期针松动。相似的理论同样适用于易弯曲的固定器，它们也很

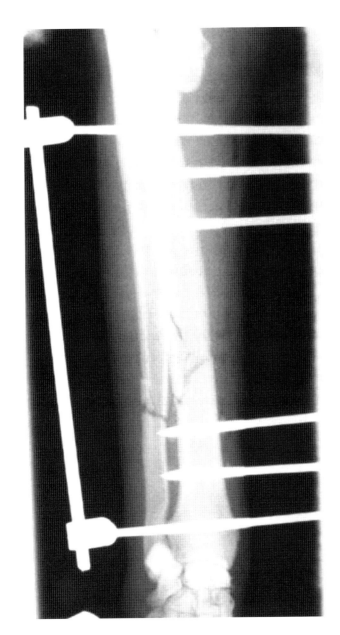

**图 5.1 放置阳螺纹针**
该桡骨骨折远端放置了 3 根固定针（1 根全针和 2 根半针）。这些针的位置都恰好能够使阳螺纹贯穿双层皮质。为了最有效地抵抗轴向应力（和其他应力），固定针都要垂直于骨折骨长轴放置

可能导致应力相关的早期松动。

　　总而言之，为了保护针－骨界面并减少因局部应力过大导致的针松动，术者应该使用更多（每块骨碎片最少 3 根，偶尔两根），直径相对较大（超过骨直径的 30%）的固定针，且应使用具有阳螺纹、硬度更大的固定针而滑面针或易弯曲的固定针。

## 固定针放置技术

　　所有固定针的放置都应该仔细考虑安全性，Marti 和 Miller（1994 a,b）定义并描述了危险及不安全的通路。理想情况下，只能使用"安全"的通路，但是鉴于肢体解剖构造及外固定支架的性质，理想的通路并不总

是可行的，故大多数病例都不可避免地采取了不同程度的折中。扎实的断层解剖知识有助于避免侵害神经血管或软组织（图 5.2 和图 5.3）。为了提供骨折骨对轴向负荷最大程度的抵抗力，减少软组织贯穿，固定针应垂直骨长轴放置。使用螺纹固定针即可做到，因其具有抵抗"拔出"的特性。若使用滑面固定针，还要使用附加方式防止固定针被"拔出"，从而导致外固定支架失败。这就是使用滑面固定针时必须具有一定角度（外展或内收）的原因。然而，与垂直放置的螺纹针相比，成角的滑面固定针要求数量更多，自然要涉及更长的骨才能放置开，所以只有在骨折形成相对较大骨碎片时才使用滑面针固定（图 5.4）。少数具有外固定支架经验的外科医生只选择使用滑面针，大多数人会在骨折线每侧至少使用 1 根阳螺纹针。兽医外固定支架固定时，专一使用阳螺纹针的趋势在增加。

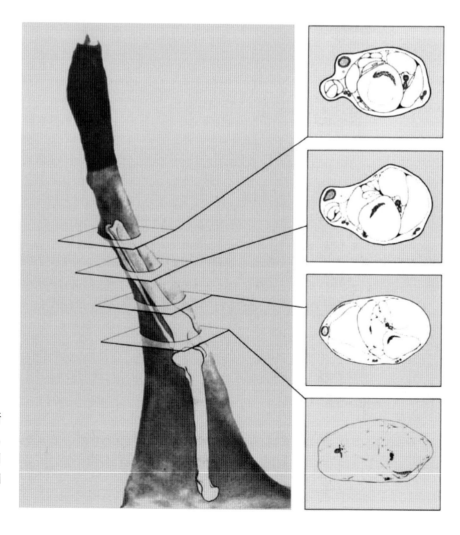

**图 5.2　胫骨断层解剖**
将后肢悬吊起来，图示骨骼结构。共有 4 幅断层解剖图示（无标注）。图中圆环代表血管结构。白色圆圈代表神经。这是后肢内侧观；断层图上，肢体的前侧位于图片的右侧，肢体的外侧位于图片的顶侧

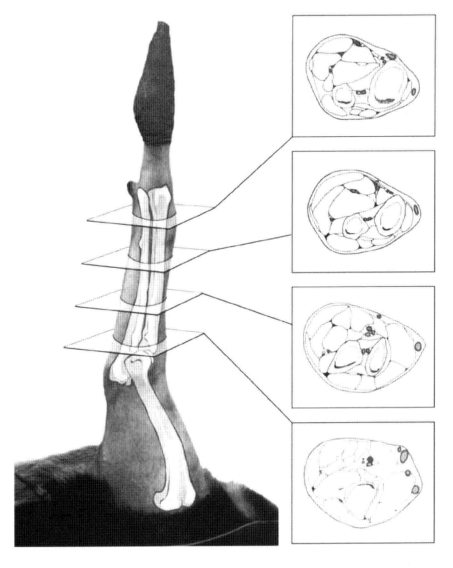

**图 5.3　桡尺骨断层解剖**
将前肢悬吊起来，图示骨骼结构。共有 4 幅断层解剖图示（无标注）。图中圆环代表血管结构。白色圆圈代表神经。这是前肢外侧观；断层图上，肢体的前侧位于图片的右侧，肢体的内侧位于图片的顶侧

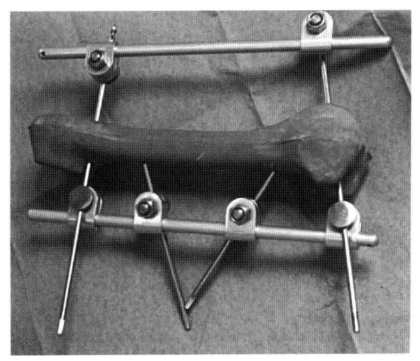

**图 5.4　放置滑面针**
使用滑面固定针（即无螺纹）时，要成角放置，防止拔出。不推荐在任何外固定支架中仅使用滑面固定针

## 半针的放置

图 5.5 至图 5.10 展示了放置半针的技术细节。

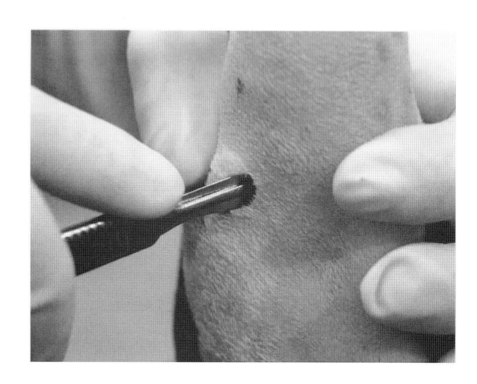

**图 5.5　释放软组织**
刺穿切开骨外的皮肤和所有的软组织

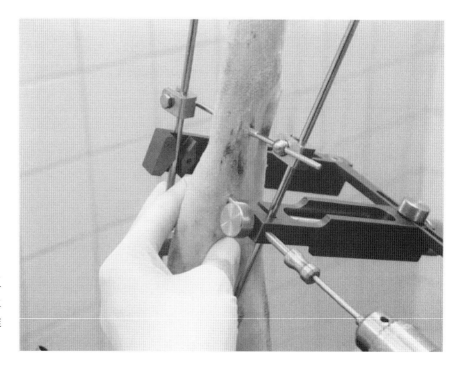

**图 5.6　保护软组织**
必须避免"卷绞"皮下软组织。推荐使用组织保护器。图示同时使用组织保护器 / 导钻及 Securos 定位装置。Securos 定位装置有助于准确放置全针

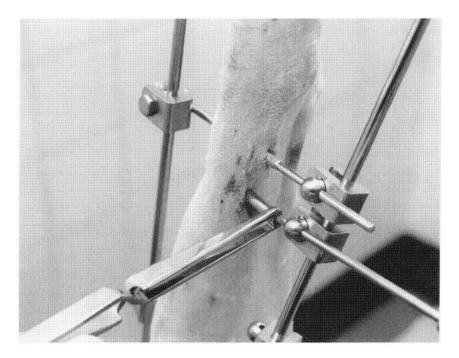

**图 5.7　组织保护器**

该组织保护器可用于 K-E 和其他外固定支架系统。该装置位于连接夹（预先安置在连杆上）和皮肤之间。在钻孔及放置针后，弹簧型"贝壳样"设计有助于轻易移除该装置

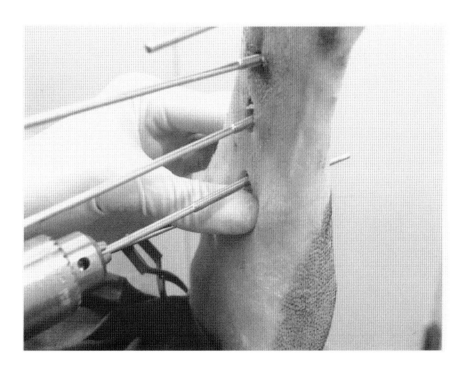

**图 5.8　预先钻孔和放置固定针**

预先钻孔（孔径相当于 98% 固定针直径）并使用低速电钻放置固定针。有时可能无法使用组织保护器，此时可通过用力指压靠近固定针的位置来限制卷绞软组织

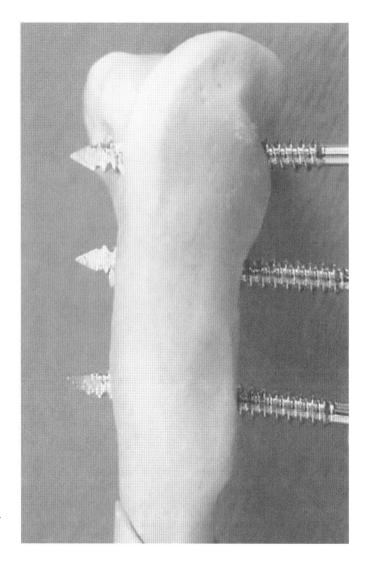

**图 5.9　半针的正确放置方法**
半针的螺纹应完全穿透双侧皮质。这意味着一部分三棱尖将穿过对侧皮质

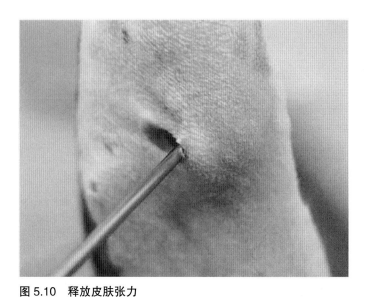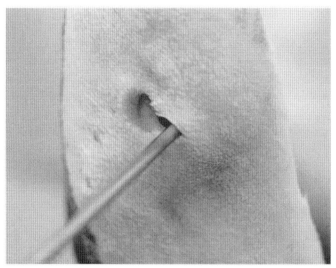

**图 5.10　释放皮肤张力**
固定针周围的皮肤不能有任何张力，这一点非常重要。有张力时（左图），可通过做小切口来释放张力（右图）。不要缝合固定针周围的皮肤

# 全针的放置

该技术与半针放置技术完全一样。然而使用全针具有更大的限制，因为能够供全针安全进出肢体的通路较少。使用全针技术的优点在于使用双侧固定支架，其硬度和强度都比单侧固定支架更好。有经验的外固定支架医生会权衡在非理想解剖部位使用全针构成双侧固定支架的优缺点。

使用全针的第 2 个难点是在外固定支架结构中，同时使用多根全针带来的几何学问题。这些支架需要所有全针良好的准直，所有全针都需要在同一平面才能与连杆准确嵌合。目前已有一些方法来解决该问题，其中一种方法就是平行于连杆内侧或外侧暂时放置第 2 根连杆。在最近端与最远端全针放置完成后，放置第二根连杆。这就形成了一个平面，随后所有全针都能借助这两根平行针作为引导进行放置（图 5.11）。显而易见的是，该方法笨重而且费劲，实际应用时结果令人失望。第 6 章详细介绍了 Securos 固定系统如何使用特殊设计（图 6.5）来克服上述难点。然而许多术者选择使用一种双侧单面的折衷的固定方式（在近端及远端各仅放置 1 根全针）来避免放置多根全针带来的问题（图 5.12）。这种装置虽然没有全部使用全针的坚固和稳定，但放置更容易更快。

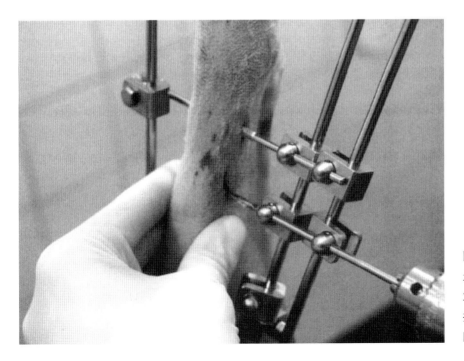

**图 5.11　不使用引导装置瞄准放置全针**
最初 2 根固定针按照常规方法与连杆相连，第 3 个连接夹作为"导钻"放置剩余各针。实际操作中，该技术存在缺陷，许多术者认为眼观瞄准放置固定针更有效

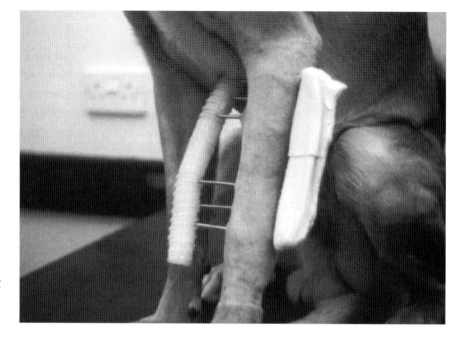

**图 5.12　仅使用两根全针的 II 型外固定支架**
该桡尺骨骨折使用仅两根全针构成的改良型 II 型外固定支架固定。这种结构虽然不如多根全针硬度高、强度大，但更容易搭建

当使用坚固的连杆外固定支架时，在固定针放置前保持准确的复位及良好的准直非常重要。当放置固定针后，术中调整骨折排列的空间非常小，特别是放置多根全针的外固定支架。在放置固定针后，可调整的空间仅限于改变固定针的应力或更换连接夹的方向。

**参考文献**

Marti JM and Miller A (1994a) Delimitation of safe corridors for the insertion of external fixator pins in the dog. 1. Hindlimb.Jouvna1 of Small Animal Practice 35: 16–23.

Marti JM and Miller A (1994b) Delimitation of safe corridors for the insertion of external fixator pins in the dog. 2. Forelimb. Journal of Small Animal Practice 35: 78–85.

# 第 6 章
# Securos 外固定支架系统

Securos 外固定支架系统在 1997 年引进，旨在使用更熟悉简单的部件来提升外固定支架技术。该系统克服了 K–E 外固定支架的很多限制，包括横向增减连接夹、更强壮的连杆、预先钻导向孔和放置全针时使用导钻、阳螺纹固定针、可动态调整的方法。该系统的连接夹、固定针、连杆和扳手与 K–E 系统通用，可以互换。

## 固定针和连杆

固定针有 3 种可用的规格：1/16 英寸（1 英寸 ≈ 2.54cm）、3/32 英寸、1/8 英寸。各个规格的固定针均有末端带螺纹及中央带螺纹的。固定针由 316L 不锈钢制成，硬度为 210 000psi。其强度远大于常规斯氏针，螺纹类似于骨螺钉，称之为锯齿螺纹，可自攻（图 6.1）。该螺纹可减少在钻入过程中的骨丢失，从而减少骨损伤。固定针螺纹区的内径比引导孔和针体直径大 2%，故在固定针插入过程中，螺纹区对骨骼的压力较其他区域更大，这种效果称之为轴向前负荷，可增强骨 – 针接触面。较大支架的连杆直径为 9.5mm（碳纤维）、中等的为 4.8mm，较小的为 3.2mm。

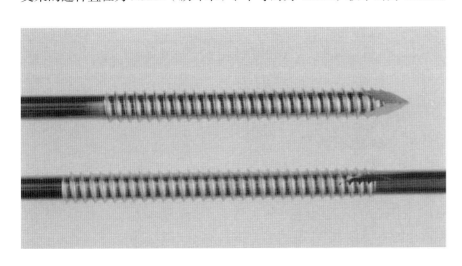

**图 6.1　固定针**
末端带螺纹和中央带螺纹的固定针，其螺纹为锯齿螺纹，可减少在钻入过程中的骨丢失。固定针由弹簧强度的 316L 不锈钢制成，强度远大于常规斯氏针

## 连接夹

连接夹由 3 部分组成：U 形部、头部和螺栓（图 6.2）。有 3 种型号，较大的连接夹适配 3.2mm 固定针，中间型号的连接夹适配 3.2mm 和 2.4mm 固定针，较小的连接夹适配 2.4mm 和 1.6mm 固定针。U 形部和头部可装配在一起，然后套上固定针，并横向扣入连杆（图 6.3）。将螺栓拧入头部，在头部被拉进 U 形部时，头部的斜面与连接杆相接触。在该接触面，不锈钢的 U 形部会有轻微形变，从而使连接夹、固定针与连杆之间产生牢固连接。U 形部有弹性，故其作用类似于锁紧垫圈，防止松动。另外，连接夹不会明显变形，便于重复使用。双重连接夹由两个 U 形部、1 个头部、1 个更长的螺栓和一个套筒组成（图 6.4）。两个全新的或用过的 U 形部和 1 个全新的或用过的头部可与更长的螺栓和套筒配合使用，而不用完全使用全新的双重连接夹。

## 瞄准器

瞄准器使得预先钻导向孔与准确放置半针或全针的工作变得简单化（图 6.5）。瞄准器手柄含有 1 个钻套，便于钻放置固定针的导向孔。

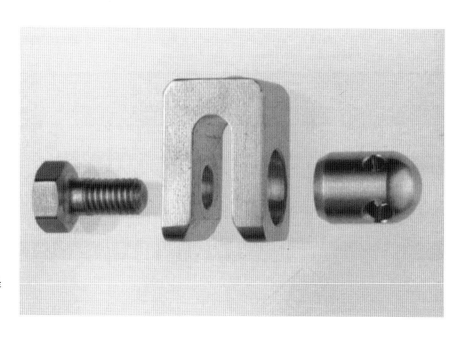

**图 6.2　连接夹**
Securos 系统的连接夹由 3 部分组成：U 形部、头部和螺栓。这种连接夹可横向扣入连杆并提供与固定针的牢固连接

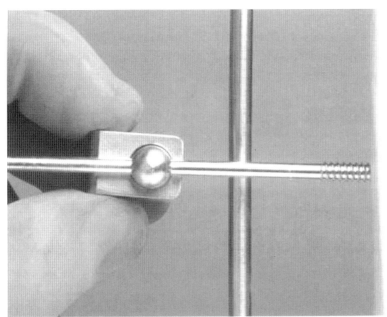

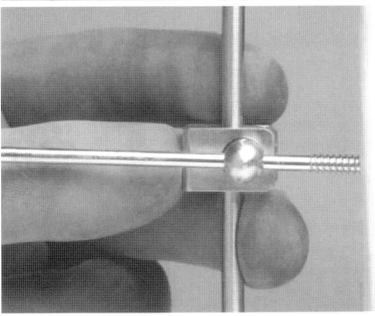

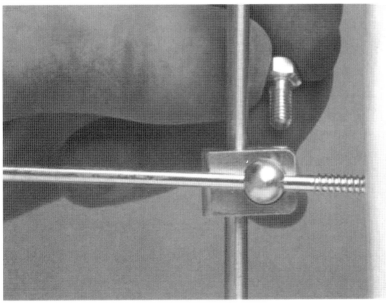

**图 6.3 横向增加连接夹**

一旦前两根固定针和连杆放置完毕，可连续放
置其余固定针。横向放置连接夹时，先将连接
夹的U形部和头形部连接后套上固定针（上图），
然后将连接夹扣入连杆（中图），最后将螺栓
拧入（下图）

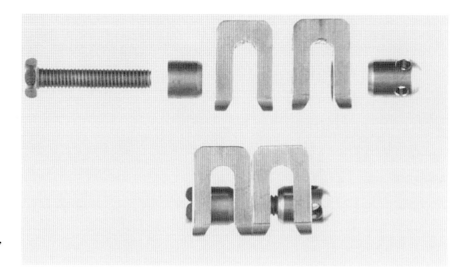

**图 6.4　双重连接夹**

双重连接夹由以下部分组成：两个 U 形部、1 个头部、1 个套管和 1 根长螺栓。装配完成后，双重连接夹可将固定针收紧固定

**图 6.5　瞄准器**

瞄准器可用于预先钻导向孔、引导固定针进入导向孔、使全针与对侧连杆准确对接

一旦前 2 根固定针和连杆放置完毕，即可将瞄准器手柄与连杆连接。经导钻钻出的固定针孔，与连杆位置关系准确，便于放置连接夹。固定针向近端和远端 30° 范围内随意放置，在连杆前侧或后侧放置均可。去掉钻套后，瞄准器手柄可使固定针朝向导向孔。放置全针时，瞄准器瞄准臂可引导固定针从对侧皮质穿出后朝向对应的连杆，然后放置连接夹。导向孔和固定针可从对侧连杆的任何一侧穿出，向近端和远端 30° 范围内随意放置。

在使用 4.8mm 连杆时，为了增加单侧固定支架的刚度，可在中央的两个连接夹之间使用加强钢板。这会使轴向刚度增加 450%、内侧至

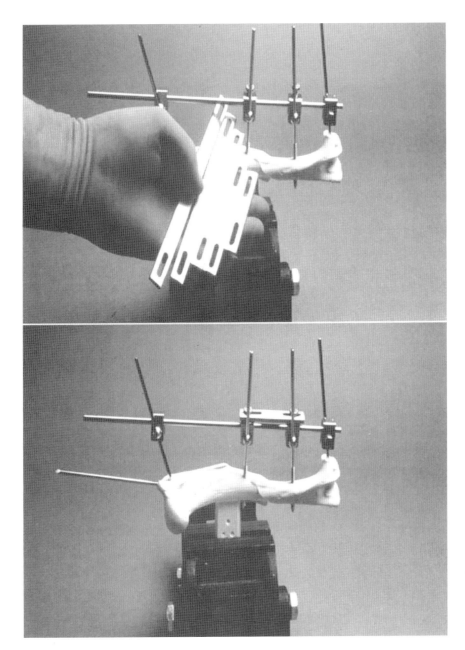

**图 6.6　加强钢板**
在使用 4.8mm 连接杆时，为了增加单侧固定支架的刚度，可在中央的两个连接夹之间使用加强连接夹和钢板，可使轴向刚度增加 450%、内侧至外侧抗弯曲刚度增加 450%、前后侧刚度增加 150%

外侧抗弯曲刚度增加 450%、前后侧刚度增加 150%（图 6.6）。

　　Securos 系统的独特之处是其有两种方式可在不拆除固定针的情况下，通过改变固定支架来使负重力通过骨的长轴（轴向动态加压）。在使用加强杆的单侧固定支架中，可除去加强杆，从而使刚度降低 25%~30%。在双侧固定支架中，可将连接夹的螺栓更换成更长的。这种螺栓顶部为四边形而非六边形，因而容易辨认。这种螺栓可使连接夹沿连杆滑动，但针仍固定在连接夹上（图 6.7）。这样在负重时，可使轴向压力施加在骨折愈合处，但骨骼仍可在扭转、平移时弯曲时受到支撑。

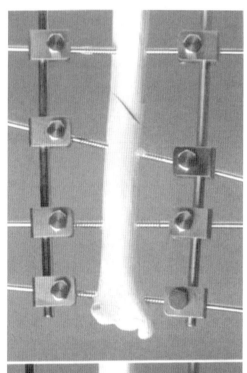

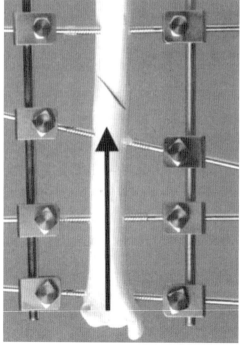

**图 6.7　动态螺栓**
在双侧固定支架中，可在骨折一侧将连接夹的螺栓更换成更长的顶部为四边形（便于辨认）的螺栓来达到轴向动态加压。其可使骨折处承受轴向压力（箭头），但仍可在扭转、平移和弯曲时受到支撑

将骨折复位后，在长骨两端放置近端和远端固定针。然后通过连接夹将固定针与连杆连接并拧紧。无需预先将连接夹与连杆相连。通过瞄准器放置其余的固定针。在放置半针时，使用瞄准器的手柄即可（图6.8）。将手柄放置在连接杆上，并配上钻套。准备 1 根合适的髓内针，插入钻套形成套管针。将瞄准器在连杆上拧紧固定。做一减张切口，然后将钻

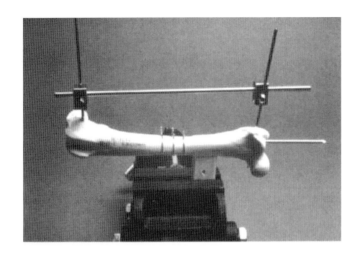

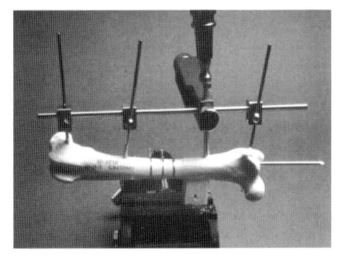

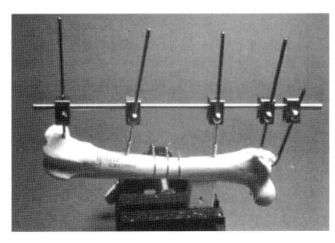

**图 6.8 单侧外固定支架的应用**
采取标准方法放置前两根固定针和连杆。使用瞄准器放置其余固定针。先钻引导孔，通过瞄准器插入固定针，移除瞄准器后扣上连接夹

套推进至骨骼。去除斯氏针，然后钻引导孔。引导孔与固定针杆部直径相同。当使用较大的连接夹时，钻孔直径为 3.2mm。使用中等连接夹时，钻孔直径为 3.2mm 或 2.4mm。每个钻头配各自的钻套。使用小连接夹时，钻孔为 2.4mm 或 1.5mm。

引导孔钻好后，移除钻套然后插入固定针。瞄准器可引导固定针进入引导孔。应使用低速钻大扭矩推进固定针。固定针穿过双侧皮质，三棱尖穿出对侧皮质即可。移除瞄准器，将连接夹的 U 形部和头部组装好之后从固定针上滑过。然后将连接夹扣入连杆，将螺栓插入并拧紧。

放置双侧外固定支架的全针时，操作方式相似，唯一不同的是需要使用瞄准器的瞄准臂。最近端和最远端的固定针放置好后，在肢体的内侧和外侧面使用连杆与之固定。在任意一侧的连杆上放置瞄准器和瞄准臂（图 6.9）。瞄准臂远端有两个凹槽，瞄准臂可滑动，故对侧连杆会落入两个凹槽其中一个。插入 1 根 3.2mm 的斯氏针穿过钻套穿透皮肤，确认是否可以接触到骨骼，另一侧也通过两个凹槽之间的孔插入 1 根 3.2mm 的斯氏针，穿透皮肤确认是否可以接触到骨骼。这样可以确认在该位置全针可穿过足够的骨骼。如果在第一个位置全针无法穿过足够的骨骼，则使用瞄准臂上的另一个凹槽。若这两个位置均无法穿过足够的骨骼，则取下瞄准器的瞄准手柄，然后从连杆的对侧尝试插入固定针。这样有四个位置可供选择，故有四次机会可以放置全针。若以上位置均无法放置全针，则放置半针。同样，钻好引导孔，移除钻套，然后放置全针。全针通过瞄准壁上的孔插入。移除瞄准器，将连接夹穿过固定针然后扣入连杆之后拧紧（图 6.10）。

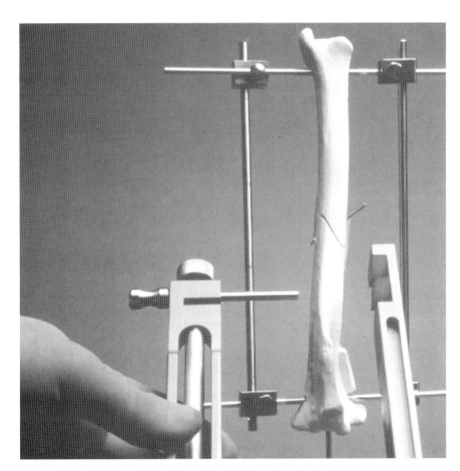

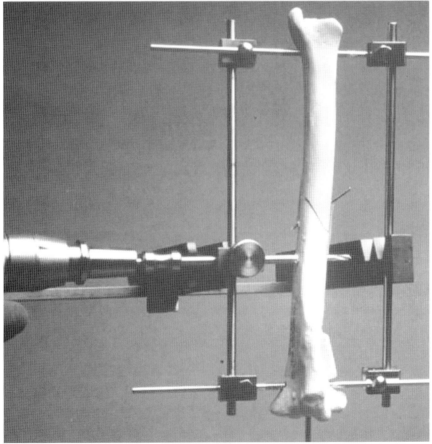

**图 6.9 双侧外固定支架的应用**
采取标准方法放置前两根固定针和连杆。使用瞄准器和瞄准臂放置其余全针。全针不需要全部都在同一平面内，可在连杆的前后放置，故相对于连杆有四个方向可供放置。钻好引导孔，然后插入固定针即可与两侧的连杆准确连接

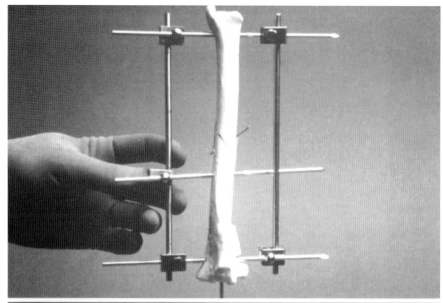

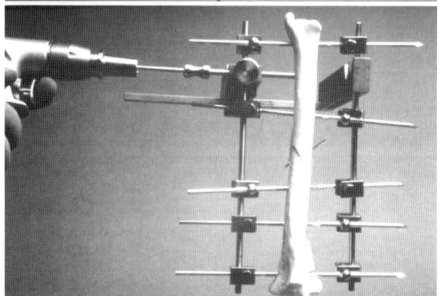

**图 6.10　多根全针的应用**
放置好固定针后，扣入连接夹然后插入螺栓拧
紧。按照需要放置其余全针或半针

# 第7章
# IMEX-SK 外固定支架系统

同 Securos 外固定支架一样，IMEX-SK 外固定支架的应用也是为了解决在使用 K-E 外固定支架过程中所遇到的一些问题（如在支架中部使用阳螺纹固定针操作复杂、无法在确保外固定支架稳定性的前提下更改固定针直径、无法在一套外固定支架上任意增减连接夹、无法在拧紧连接夹的同时不引起连接夹变形、无法为了保护骨碎片而针对粉碎性骨折采用更为复杂的外固定支架结构）。虽然 SK 连接夹也可固定 Securos 和 K-E 支架的固定针，但它的连接杆和扳手是采用公制单位设计的（表 7.1），因此无法与其他两类外固定支架系统通用连杆和连接夹。

## 固定针

IMEX 固定针包括中部螺纹型全针和末端螺纹型半针，共有 7 种不同型号的阳螺纹骨皮质针。最小型号的固定针螺杆直径 2mm，螺纹直径 2.5mm，最大型号的螺杆直径 4mm，螺纹直径 4.8mm。另外还有 3 种阳螺纹骨松质针。最小型号杆直径 2.4mm，螺纹直径 3.5mm，最大型号杆直径 4.8mm，螺纹直径 6.3mm。骨松质固定针只能用于骨质较松软的部位，如胫骨近端干骺端或肱骨和股骨远端干骺端。

表 7.1　IMEX-SK 外固定固定针、连杆、扳手和螺栓型号

| 连接夹型号 | 固定针螺杆直径 | 连杆直径（mm） | 扳手 / 螺栓 / 垫圈型号（mm） |
| --- | --- | --- | --- |
| 小号 | $^{3}/_{32}$~$^{5}/_{32}$" (2.4~4.0 mm) | 6.3[a] | 8 |
| 大号 | $^{1}/_{8}$~$^{3}/_{16}$" (3.2~4.8 mm) | 9.5[b] | 10 |

上标字母表示可获得的连杆类型：a 碳纤维复合材料连杆和钛连杆；b 碳纤维复合材料连杆和铝连杆

# 连接夹

SK 连接夹由四部分构成，其包括 1 个一分为二的铝制夹体、1 个配有带沟槽垫圈的针连接夹主螺栓、1 个固定主螺栓用的螺母以及 1 个将连接夹上部夹紧的次级滑动螺栓（图 7.1）。夹体的两部分结构略有不同。B1 部分上方孔内有螺纹，用于次级螺栓的固定，而 B2 部分上方的孔是个内壁光滑的滑行孔。这两部分夹体下方的孔都是滑行孔，用于主连接夹螺栓的固定。连杆固定槽位于夹体中央位置。连接夹既可预固定在连杆上，也可以根据需要安放在连杆的任意位置。

该连接夹设计允许在连杆的任意位置使用任意型号的固定针。主连接夹螺栓含有一个带沟槽的垫圈。这一垫圈使连接夹可以牢固地固定多种直径的固定针（表 7.1）。主螺栓的孔洞直径很大，可以在钻孔前套入导钻或使用阳螺纹固定针。主螺栓的沟槽垫圈表面呈锯齿状，可以在螺栓拧紧时紧紧咬合住夹体表面（图 7.2），从而在垫圈和夹体之间形成很强的作用力，避免了在固定连杆时固定针从螺栓中脱落。由于垫圈的锯齿面呈环形，因此可以与全针或半针在任意角度形成牢固固定。

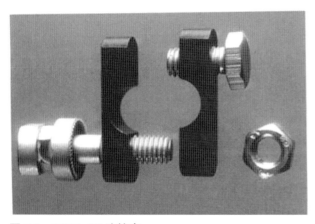

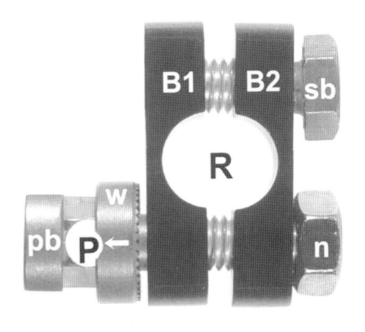

**图 7.1 IMEX–SK 连接夹**
B1 和 B2 是夹体的两部分。B1 部分的上方的孔有螺纹，用于固定次级螺栓（sb），而 B2 上方的孔是个滑行孔，因此夹体上半部分在拧紧次级螺栓的时候会通过"拉力效应"闭合紧。连接夹的中央是连杆夹持槽（R）。固定针夹持螺栓（pb）有一垫圈（w），其上有一凹槽（箭头），可适应多型号固定针，以便有效固定在螺栓的固定针夹持槽（P）内。连接夹的底部用螺帽（n）拧入夹持固定针螺栓固定。左上图显示的是从 I 型外固定支架上卸下的连接夹。左下图显示的是单个连接夹正确的装配方法

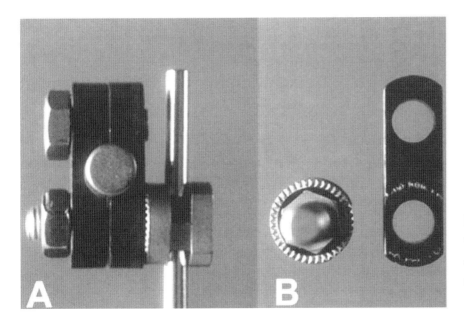

图 7.2　（A）IMEX-SK 单连接夹拧紧后固定住固定针和连杆。需要注意垫圈的锯齿面朝向夹体。（B）连接夹拆解图。 注意看 B1 夹体表面有垫圈的锯齿留下的痕迹

次级螺栓有多个功能。它在避免连接夹变形的前提下确保夹体更牢固地固定连杆，而且也可以将空的连接夹变为一个定位装置。当需要在一端骨碎片放置多根全针时，将导钻穿过主螺栓的固定针夹持槽并使其与其他针位于同一平面。部分拧紧次级螺栓，确保主螺栓在预钻孔的过程中仍与其他固定针位于同一平面。钻孔完毕，拧松主螺栓螺母，拔出导钻，将固定针经主螺栓钻入骨内。在放置固定针的整个过程中，由于部分拧紧的次级螺栓的作用，连接夹位置一直没有改变。

## 连杆

经过评估，现在普遍认为简易 K-E 外固定支架中的小号（3.2mm）和中号（4.8mm）不锈钢连杆是这一系统的弱点。这一限制使得用 K-E 外固定支架处理桡骨或胫骨高度粉碎性骨折时需要选用更复杂的双侧双面结构。IMEX-SK 外固定支架系统则通过选用更粗的连杆来解决这一问题。小号 SK 连接夹使用由钛合金或碳纤维复合物制成的 6.3mm 连杆。大型 SK 连接夹使用由铝合金或碳纤维复合物制成的 9.5mm 连杆。图 7.3 列出了各型号 SK 连杆和小号、中号不锈钢连杆的抗弯强度值。与 K-E 外固定支架相比，SK 的连杆更粗、强度更高，从而在处理粉碎性骨折时可以用更简单类型的外固定系统。对于需要使用大型 Ⅱ 型或 Ⅲ 型 K-E 外固定支架来处理的病例，用 IMEX-SK 的 Ⅰb 型或迷您 Ⅱ 型外固定支架即可满足要求。

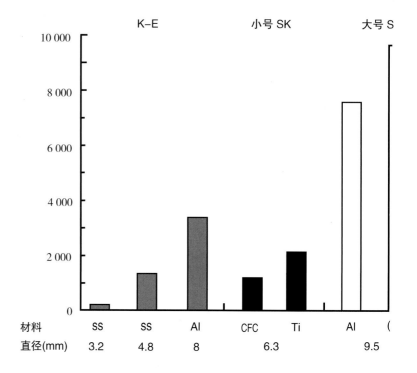

图 7.3　不同型号的 K-E 外固定支架连杆和
IMEX-SK 的小号、大号连杆抗弯强度比较
Al，铝；CFC，碳纤维复合物；SS，不锈钢；
Ti，钛合金

SK 双重连接夹结构可在双面或多面支架中构建联动连杆。如果用 K-E 或 Securos 不锈钢连杆将 SK 外固定支架连杆末端的连接夹连接固定，则会制成简单结实的联动连杆（图 7.4）。另外，SK 或 K-E 连接夹可以重叠固定在固定针的末端，通过不锈钢连杆相互之间连接形成联动连杆。

由标准部件组装成的改良 SK 单连接夹可以组装成可调节关节，这在外固定支架固定主要负重关节时（跨关节外固定支架）很有作用。改良连接夹由两个 B2、两个主螺栓、两个螺母构成（图 7.5）。关节是由两个改良连接夹和两根短的 Securos 或 K-E 不锈钢连杆组成（图 7.5）。由于关节的角度可以调节，当在修补跟腱时使用跨关节外固定支架时，就会体现出明显的优势。通过调节关节可以渐进增加跗关节屈曲角度使肌腱在术后的恢复中有一个进行性的负重。

IMEX-SK 外固定支架没有 Securos 外固定支架的那种动态学特点，但可以以数种方式分阶段拆除。当使用大型号 SK 外固定支架时，为了降低支架的刚性，可以用铝制连杆代替碳纤维连杆。另一种方法是在固定 6 周后将大号 SK 连接夹和连杆替换为小号 SK 连接夹和连杆。当使用小型号 SK 系统时，可以用碳纤维连杆代替钛合金连杆，以降低支架刚性。其他可用于 SK 支架的拆除方式包括移除部分部件将双侧或双平面支架转换成单侧外固定支架以及拆除中央固定针来增加支架的工作长度。

**图 7.4 大型号 SK Ib 型外固定支架在大型犬桡骨骨折固定上的应用**

外固定支架近端用单连接夹和一段 3/16″（4.8mm）斯氏针将两侧的碳纤维连杆固定在一起（箭头处）

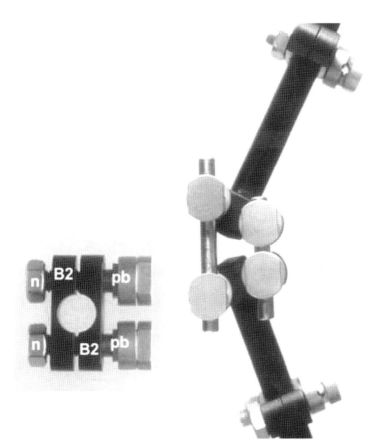

**图 7.5 用于跨关节外固定支架的改良 SK 连接夹**

连杆可通过两个改良 SK 单连接夹和 1 对不锈钢短连杆按特定角度牢固固定。每个改良关节连接夹都由两个 B2 夹体，两个钢针固定螺栓（pb）和两个螺母（n）构成。关节的角度可通过拧松改良连接夹、屈曲或伸展关节至理想位置并重新拧紧来实现

## 操作技术

　　使用肢体悬吊技术（用于桡尺骨或胫骨骨折）将骨折处复位，使用预钻孔技术用低速钻在骨骼的近端和远端钻入固定针。单连接夹和连杆构成外固定支架的内侧部分。如果要做 Ⅱ 型外固定支架，则以同样方式在对侧组装支架的外侧部分。纠正了骨折处的准直后，小心将连接夹拧紧以保持校准后的准直状态。在用 L 型扳手拧紧螺母和次级螺栓时，可用开口扳手固定固定针夹持螺栓的栓帽以对抗扭转力（图 7.6）。

　　在钻入固定针前所做的皮肤切口一定要足够大。在高速钻孔前，一定确定钻孔位置位于骨面的中心位置，通过固定在空连接夹上的导钻，使用合适型号的麻花钻头钻孔。固定针应使用低钻速高扭矩技钻入。应用于 SK 支架的固定针主要是半针。如果支架中要使用 1 根以上的全针，则按照如前所述的方法（图 7.7），通过固定在连杆上空连接夹上的导钻确定固定针所处平面，之后钻孔。一般来讲，一个外固定支架在骨折的近端和远端各需要至少 3 根固定针。如果双面支架需要在术后进行角度调整等操作时，需要先拍摄 X 线片。

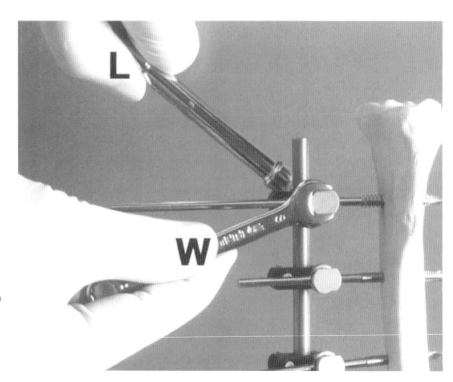

**图 7.6　在拧紧 SK 连接夹时，中和对侧的扭转力**
当拧紧连接夹时，扭转力会破坏骨折处的准直。为了防止这种情况的出现，在用 "L" 形扳手（L）固定螺母和次级螺栓时需要用开口扳手（W）固定对侧的固定针夹持螺栓的栓帽，以对抗扭转力

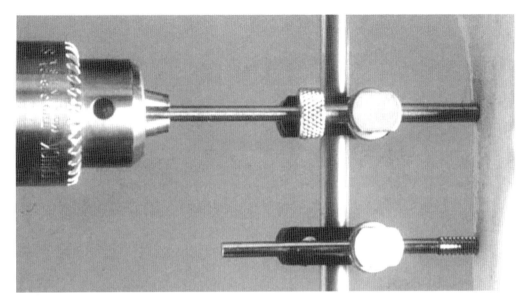

**图 7.7　用导钻和连接夹确保多根固定针在同一平面**

当需要在一段骨头上钻入多根全针时，可以利用 SK 连接夹和导钻确保所有固定针在同一平面。导钻经过固定针夹持主螺栓的沟槽并与邻近的全针位于同一平面。之后将次级螺栓拧紧固定导钻角度，确保预钻孔的近端和远端皮质位置的准确性。固定针夹持主螺栓的螺母适度拧紧，确保导钻不会松脱（固定过紧会损伤导钻）。然后用合适型号的钻头钻孔

# 第 8 章
# 丙烯酸外固定支架系统

随着外固定支架（ESF）在兽医临床上的应用逐渐开展，外科大夫越来越意识到现有系统（K-E 系统及其衍生系统）的局限性。从 20 世纪早期开始应用至今，这一现状并无明显改观。这些愈加明显的局限性主要包括以下几方面。

- 无法使用更小（或更大）的固定针，并且对新开发的固定针兼容性太差；
- 无法在已成形的外固定支架上安装或拆卸连接夹；
- 在正常使用过程中经常发生固定失败、松脱或连接夹变形；
- 由于固定支架的部件过于脆弱而不得不使用更为复杂的支架结构。

此外，又长又直的连杆直接限制了外固定支架在使用过程中对生物力学等方面的考量，使得某些固定针无法放置在最理想的位置。

## 丙烯酸连接柱

很多外科医生有过用丙烯酸将固定针连接到连杆上的经验——这种方法可以有效地替代 K-E 型连接夹的功能。之所以采用这种方法的原因有且只有一个，就是成本问题——免去购买合适型号的连接夹。但是，这样做的效果无法预料（而且通常很糟糕！）。通过这种方法制作的外固定支架拥有 K-E 型系统的所有缺点。此外，很容易在骨折愈合前发生松动或聚丙烯"连接夹"断裂，从而导致固定失败。因此，有经验的外科医生是不会使用这种华而不实的支架系统，所以其在当代兽医 ESF 领域中难有一席之地。

意识到 K-E 型 ESF 系统的缺点后，Erick Egger 医生和他的同事们研究设计出了利用浇灌丙烯酸的方式将连接夹和连杆全部替换掉。20 世纪

80 年代，兽医期刊上发表了数篇文献比较了丙烯酸系统和现有的 ESF 系统的优劣，并证实了浇灌丙烯酸外固定支架系统可以应用于临床。通过将具有可塑性的塑料管卡在固定针的末端，可形成一个具有连续力学特性的圆柱体。进一步的研究比较了该系统与小、中、大型 K–E 系统。之后，这一系统被称之为丙烯酸外固定支架（APEF）系统（图 8.1）。APEF 系统所做的丙烯酸柱的强度等同或者超过同等大小 K–E 系统连接杆的强度。很重要的一点是，要认识到这些数据是与直连杆相关的。最近的研究表明过小的成角会使丙烯酸柱的强度下降，因此应当避免。但是，在临床上需要将丙烯酸柱制成足以引起强度下降的角度的情况很少见。

与 K–E 型外固定支架相比，APEF 系统的优点有以下几方面。

• 使用简单；

• 固定针的大小或类型不受限制；

• 不需要制定烦琐的放置计划或预组装支架；

• 固定针或连杆松脱断折的风险很小。

使用 APEF 最大的好处在于外科医生可以在任何想放置固定针的位置进行放置，所需考虑的只有相关的生物学和生物力学因素，而且完全不受又直又硬的连杆的制约。固定针的位置再也不受连杆所限制了。

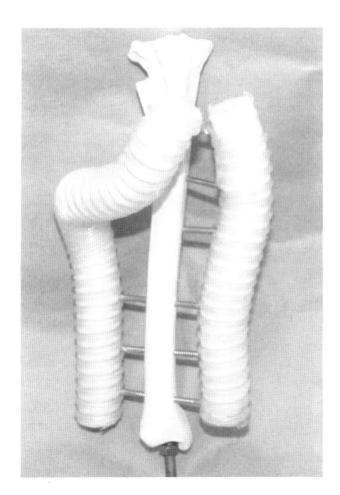

**图 8.1　APEF 可塑型丙烯酸柱**
APEF 系统的特点是丙烯酸柱取代了我们所熟知的连接夹和连杆。通过在固定针上安装一个可塑的塑料模具并向其中灌入液体丙烯酸制成丙烯酸柱

# 技术

　　价格便宜的 APEF 系统的发明使在不同体型病例上处理多种类型的骨折成为可能。丙烯酸是装在有隔离封条的聚乙烯包装袋中的，同时还搭配不同直径的模具管（图 8.2）。当去除隔离封条，液体和粉末物质便会混合（图 8.3 和图 8.4），激发一个轻度放热反应。这是制成坚硬丙烯酸柱的第一步（图 8.5）。大约 2min 后，将包装袋打开，将仍是液态的丙烯酸灌入已放置在固定针上的模具中（图 8.6 和图 8.7）。需要注意，骨折处一定要在丙烯酸混合前做好对位和准直。丙烯酸在混合后 2min 左右变黏稠，在接下来 2~3min 内固化。完全凝固需要再过 10min。为了在混合、浇灌和固化的过程中确保骨折处的准直，会将 1 根不锈钢连杆暂时固定于模具和和患肢之间。APEF 中临时确保对合的连接夹设计成无需从针尾拆卸的结构（图 8.8）。虽然这种临时连接夹在某些情况会用到，但大多数情况如果已经使用了肢体悬吊技术，借由保定姿势、患肢牵拉及重力的作用已经可以保持患肢的准直，则它们就没有使用的必要了。

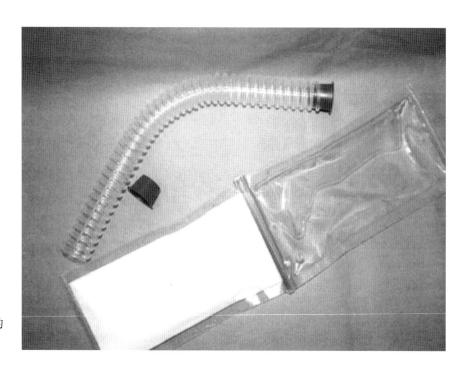

**图 8.2　APEF 套装**
基本套装包括一段塑料管状模具、模具两端的帽和一袋待混合的丙烯酸

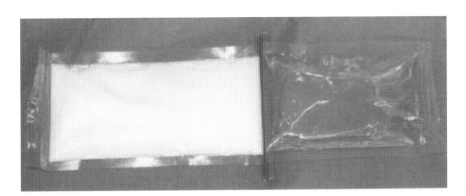

**图 8.3　丙烯酸分装袋**
丙烯酸液体和粉末分开包装并由一个塑料隔离
封条分隔开

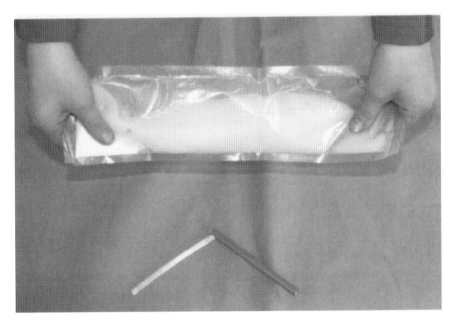

**图 8.4　混合丙烯酸**
去除塑料封条将液体和粉末混合。这会激发一
个散热反应并最终产生固体丙烯酸

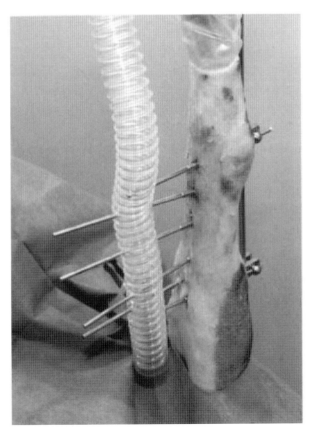

**图 8.5　骨折准直**
放置固定针并骨折准直后，将管状模具从固定
针的末端刺入。在混合并浇灌丙烯酸前一定再
次确认患肢准直与对位

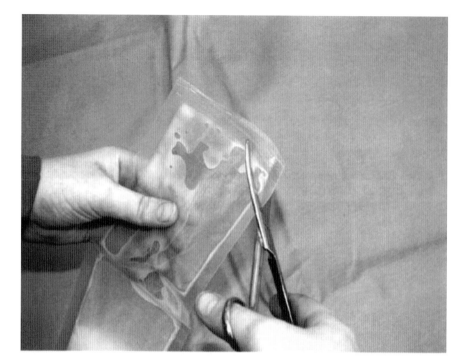

**图 8.6　打开包装袋**

在混合大约 2min 后，液体丙烯酸开始变得黏稠；这时在包装袋上剪一个角，以便倒出丙烯酸

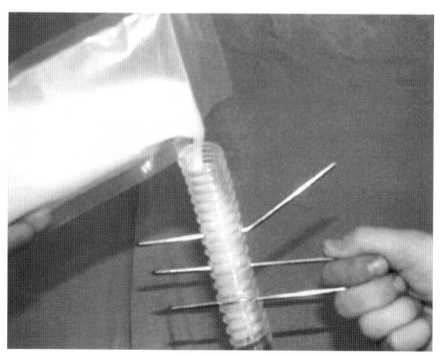

**图 8.7　浇灌丙烯酸**

将黏稠但仍为液态的丙烯酸小心的导入模具。浇灌过程中一定确保灌满模具并避免产生气泡。浇灌过程中经常看到丙烯酸从固定针针孔处流出，但会随着丙烯酸固化很快停止。整个丙烯酸柱在 10min 内完全固化

当需要复杂外固定支架系统（双侧单面型；双侧双面型；四面型）时，外科医生可以使用多个丙烯酸柱（图 8.9；也见图 8.12）或使用环形外固定支架与丙烯酸柱和不锈钢连杆相结合的方式（图 8.10）。APEF 系统在使用髓内针"搭接"时尤其方便（图 8.11）。在这类病例中，应用丙烯酸既消除了 K–E 型外固定支架系统在使用非标准型号髓内针时对内植物的直径限制，也避免了复杂而又脆弱的连接夹的使用。

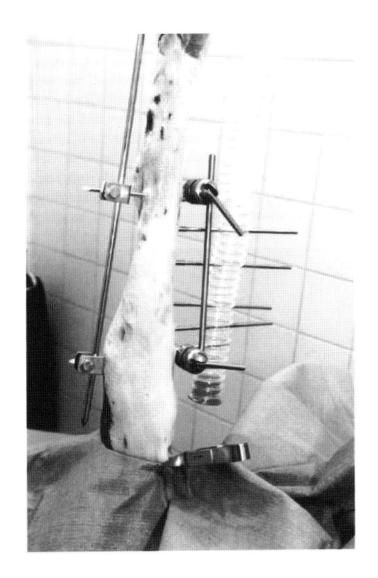

**图 8.8　临时准直连接夹**

这些 APEF 临时准直连接夹在丙烯酸固化过程中使用，以维持复位。丙烯酸柱固化后，可以不受干扰地将其拆除。使用肢体悬技术可以被动地维持患肢准直，因此不需要使用准直连接夹

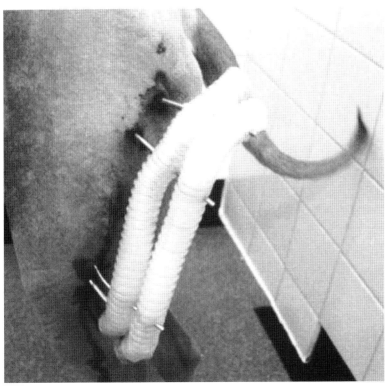

**图 8.9　灵活性**

65 kg 大丹犬股骨骨折使用单根髓内针和双柱、改良 I 型（单侧、单面）APEF 外固定支架进行治疗

同其他现有的外固定支架系统一样，APEF 系统并不完美，其中有两个限制尤其值得注意。第一，虽然 APEF 系统使用方便快捷，但它一次性使用的特点决定了其无法像其他大多数 ESF 硬件一样通过重复使用连接夹和连杆降低使用成本。第二，应用 APEF 之后，术后重新调整或对直骨折一点也不简单。最便捷的方法是用钢锯将丙烯酸柱中段去除 2~3cm 来进行调整。将患肢调整后，使用一段等长的管状模具纵向劈开后固定在缺损段丙烯酸柱的断端，并用液态丙烯酸进行浇灌固定。为了确保修补的强度，需要用钻头或球钻在两端的丙烯酸柱断面上打若干个

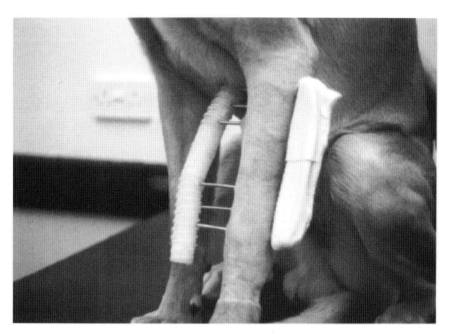

**图 8.10　丙烯酸与其他外固定支架系统联合使用**
35kg 杂种犬桡尺骨骨折采用改良 II 型（双侧，双面）外固定支架。内侧为 APEF 丙烯酸柱，外侧用常规不锈钢连杆

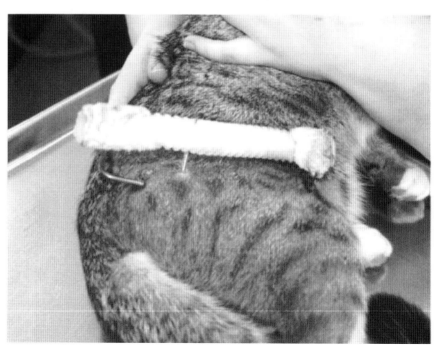

**图 8.11　髓内针与丙烯酸联合应用**
青年猫股骨粉碎性骨折采用髓内针和 APEF 固定支架治疗。髓内针的近端穿出皮肤并反向弯折后用丙烯酸柱与远端 2 根固定针"搭接"

小洞，而后灌注修补用丙烯酸，从而达到"锁"住断端的目的。另一种替代方案是在丙烯酸柱断端的断面上各钻一个约 10mm 深的孔并攻丝，而后根据丙烯酸柱的直径拧入一颗长 15~20mm、直径 2.7mm 或 3.5mm 的骨螺钉。突出部分的螺钉能为修补段的丙烯酸柱提供非常好的固定。人们一直普遍认为术中反复修正的特点是 K-E 及相似系统的一大优点。但事实上如果从三维几何学的角度考虑，这类支架无法自由变动，而任何重新调整的操作都有可能造成连接夹的扭转或固定针的应力弯曲等。

第 11 章会讨论关于阶段性拆除外固定支架部件的内容。使用 APEF 系统后，无法像 Securos 系统那样拆除连杆等结构，也不会像 Securos 和 IMEX 系统那样简单的去除某根固定针。但是，现在已经发展出了某些理论使阶段性拆除 APEF 支架成为可能。例如，当应用两个或多个丙烯酸柱时，可以阶段性地去除每个连接部（图 8.12 和图 8.13）。虽然不破坏丙烯酸柱是无法单个拔出固定针，但是可以在丙烯酸柱与皮肤间将固定针剪断。事实上通过这样处理，固定针在力学上已经处于非应力状态，支架也达到了阶段性拆除的目的。残留的固定针会在固定支架最后全部拆除时一同移除。

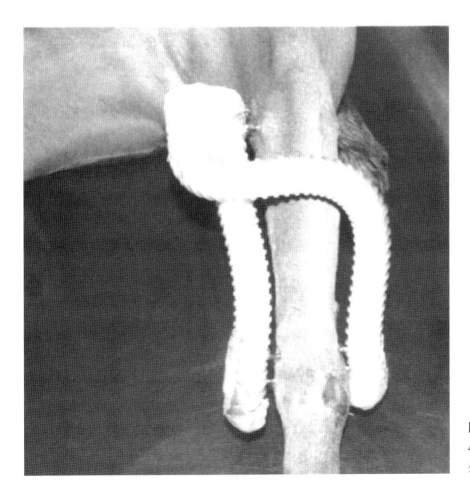

**图 8.12　降低外固定支架的强度**
45kg 威玛猎犬胫骨骨折应用双丙烯酸柱 APEF 外固定支架系统进行治疗

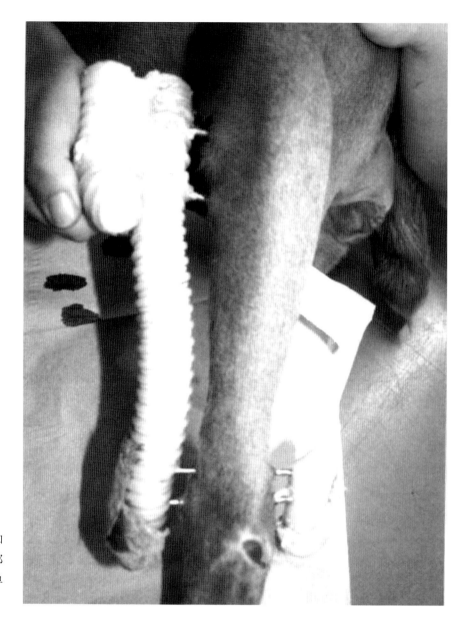

**图 8.13　转换为Ⅰ型单侧外固定支架**

仍为图 8.12 所示病例。随着骨骼进一步愈合，支架中部横跨胫骨前侧区域、连接近端内侧和远端外侧固定针的聚丙烯柱被去除掉。剩余部分的外固定支架如图所示，实际达到了Ⅰ型（单侧单面）外固定支架的效果

# 第 9 章
# 术后 X 线评估

仔细评估术后立即拍摄和之后在不同时间间隔内的 X 线片对于骨折患病动物的最佳术后管理是至关重要的。每次 X 线检查至少需要拍摄两张互成直角体位的 X 线片，通常是侧位和前后位。每次 X 线检查的范围应包括骨折骨及其上下两个关节。

AAAA 原则是全面评估骨折固定术后 X 线片的系统方法。4A 原则包括准直（Alignment）、对合（Apposition）、固定材料（Apparatus）和活性（Activity）。当前拍摄的 X 线片应该对每一个原则进行评估，并且与之前拍摄的 X 线片进行比较。

要与骨骼骨折前的正常形状进行比较，来评估准直。评估侧重于术后骨骼恢复骨折正常形状的程度以及随着骨折愈合外固定是否维持了骨的准直。拍摄对侧健肢的 X 线片有助于比较评估其准直。

前后位 X 线片可用于评估骨折内外侧面的线性准直。骨折远端肢体的内翻或外翻畸形提示失准直。侧位 X 线片可用于评估骨折前后侧面的线性准直。向前或向后弯曲超出骨的正常位置提示失准直。这两个投照体位都可用于评估是否发生旋转。当骨折准直合适时，在端正的侧位和前后位 X 线片上，骨折上下的两个关节都应该在正确的位置。如果其中一个关节位置合适，而另一个是倾斜的，那就说明旋转，还没有取得或维持正确的准直。与术后立即拍摄的 X 线片相比，如果当前拍摄的一系列 X 线片显示准直发生了变化，则外固定技术很可能已经失败了。要严格评估这种可能性，一经发现，应该修正或改进外固定支架。

合适的骨折复位准直很重要，不仅为了外表美观，更重要的是术后肢体正常功能的恢复。向前或向后轻度弯曲畸形导致肢体功能性缩短。患病动物会通过弯曲对侧肢关节代偿性地均衡功能性肢体长度。但是对于旋转或内翻 / 外翻畸形，动物很难代偿。这些异常将导致骨折处上下关节异常受力，容易继发韧带问题和关节炎。

对合是评估骨碎片已经准确复位程度的指标。骨折对合要达到解剖重建，这样才能恢复负荷式骨性结构。若骨折完全对合，X 线片上见不到明显的骨折线。当前拍摄的 X 线片与之前的进行比较，对合变差常提示外固定技术不当。

对于高度粉碎性骨折，完美对合是不可能的，尤其是用生物学方法处理的骨折（即闭合性准直和固定技术）。在这种情况下，正常的准直才是目标，而不是解剖学重建。从外科医生的角度来看，对于远离骨长轴的中间骨碎片，可使用"开放但触碰"的方法提高骨折对合。单丝可吸收线（如聚二恶烷酮缝线）环绕缝合可使这样的骨碎片靠近骨轴。不要对这些缝线有任何机械性期望，只能靠外固定系统承担有效的支撑作用。

固定材料是评估应用外固定系统准则规范度的指标。在用外固定支架修复的骨折术后立即拍摄的 X 线片中，需要关注以下问题：近端和远端骨碎片固定针的数量是否充足？固定针大小是否合适（固定针直径大约是骨直径的 25%）？固定针是否处于骨中心的恰当位置，并且是否距离骨折线和骨裂纹有安全距离？相对于骨折结构（尤其是需要外固定支架起支撑作用），是否已经使用了足够强度的支架，且支架大小与患病动物体型是否正确匹配？

优秀的骨科医生必须非常严格地要求自身的骨折固定技术，以便在未来学习和改进类似的骨折病例。此外，意识到避免并发症存在的最好时机是在它成为问题之前，而不是在这之后。评估术后 X 线片时，如果上述问题的很多答案是"否"，那么就应该考虑对患病动物进行二次手术或者转诊到其他骨科专家。

在后续的 X 线检查中，需要评估固定材料位置和完整性可能出现的变化。要检查固定针和支架是否有松动、弯曲或破损的迹象。技术应用合适时，固定材料的位置在整个骨折愈合过程中都会保持稳定，直到不再需要它们并且可以拆除时。

活性是评估骨折愈合各个阶段中骨预期的生物反应的指标。影响骨折愈合速度和类型的因素包括：患病动物的年龄和整体健康状态、骨折的位置（干骺端或骨干）和构型、周围软组织的损伤程度、应用的是开放性还是闭合性固定技术、骨折可对合的程度以及固定技术所提供的机械环境。

解剖复位并稳定固定的简单骨折发生直接愈合，其典型的 X 线征象表现为骨折线密度缓慢增加，不伴有骨外膜和骨内膜骨痂的桥连。骨折线在术后 6~8 周充满骨质密度的物质。尽管此时分阶段拆除外固定（或动态减压）常常是有益的，但完全移除外固定支架还要等待一段时间。

以最低程度触碰骨碎片并稳定固定的粉碎性骨折发生间接愈合。骨碎片逐渐融合形成骨内膜的和联合骨痂。术后 4~6 周，骨折区域的骨表面变得模糊不清，并且骨折间隙内 X 线密度轻度增加。通常在术后 6 周左右，可开始分阶段拆除外固定或动态减压。在接下来的 6~12 周，随着骨折继续愈合，骨折线会逐渐被松质骨填满。联合骨痂的密度通常低于邻近骨皮质的密度。骨痂生成主要是骨内膜骨质增生的结果，但是在损伤或手术引起骨外膜从骨上分离的区域，骨外膜的骨质增生也会明显。在骨骼未发育完全的患病动物，骨外膜新骨生成也是常见的 X 线征象。

外骨痂的量与外固定的强度呈反比。胫骨骨干简单骨折，可解剖复位，若用 4 根固定针的 I a 型外固定支架修复，因为稳定性不足，所以可以预期见到骨外膜桥连骨痂；若用 6 根固定针的 II 型外固定支架修复，稳定性大大增加，所以一般不会在成年患病动物见到过多的骨外膜骨痂。

要仔细评估骨折区域的新骨的外观，以确定是否出现骨折愈合的预期征象或并发症。正常的桥连骨痂边缘光滑、轮廓清晰，若新生骨边缘粗糙、不规则，则提示骨髓炎。如果骨密度出现侵蚀性病变（成骨型、溶骨型或混合型），要检查是否有肿瘤病变的可能。

骨吸收的迹象也要仔细评估。外固定支架需要依靠安全的针 – 骨界面维持骨折的准直和稳定性。细致地预钻孔，并用低速高扭矩电钻植入阳螺纹固定针，在整个愈合过程期间，绝大多数的针 – 骨界面都是正常的骨密度。若固定针螺纹部分周围有 1mm 或以上范围的透射线区，则强烈提示固定针松动。这可以通过暂时松开连接夹、确定固定针在骨内是否能轻易旋转来检查。如果是的话，应移除固定针，尤其是固定针松弛并伴有疼痛和跛行时。

骨折线早期局部骨吸收通常提示骨折线边界固定继发的的高应力。当血供丰富时，可能发生间接愈合，最终形成桥连骨痂使骨折稳定。若骨折线吸收，且随后未能形成桥连骨痂，则提示延迟愈合或不愈合。对于延迟愈合，要考虑加强或改进外固定。对于骨折不愈合，要进行骨折二次固定、改善外固定技术和松质骨移植。骨折区域骨密度的广泛性降低预示着应力保护，这是极其牢固的外固定时间过长的结果。分阶段拆除外固定材料会刺激骨密度的恢复，但是如果存在大的裂隙，需要考虑松质骨移植。

# 第 10 章
# 绷带包扎与术后护理

## 绷带包扎

　　术后要将外固定支架包裹好；肢体远端固定后，要将整个肢体用绷带包扎起来，这样能够防止其被笼子、家具或栅栏等卡住，避免外固定支架破坏或断裂。外固定支架也可能弄伤动物主人。正确的外固定支架包扎能够防止固定针周围的皮肤过度移动，减少固定针部位的损伤。皮肤和软组织常常沿固定针迁移，之后与外固定支架连接夹或连杆接触。在这些病例中，伤口恶化，造成组织肿胀，伤口变得更大。一些外科医生不建议在肢体肿胀缓解前进行包扎。目前在这一方面还有争议，有人认为在这一时期包扎是不必要的，而且也不能防止固定针部位的问题发生。绷带可能会阻碍观察伤口和清洗固定针部位，如果浸透，还可能促进感染。然而，大多数外科医生会选择包裹外固定器。

　　包裹外固定支架非常实用的方法是使用手术刷上的海绵。将海绵从手上刷上取下，彻底洗干净后拧干（图 10.1）。这些海绵干得很快，还

**图 10.1　手术刷海绵**
将海绵从手术刷上取下，然后在固定针周围使用，既有效又经济

71

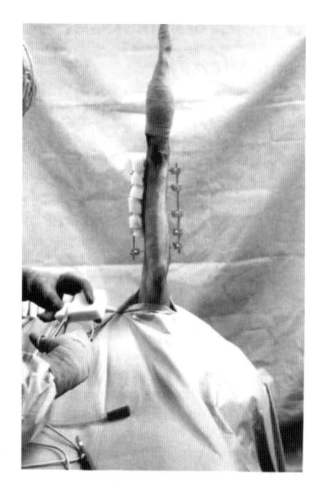

**图 10.2 放置海绵**

将海绵剪成两半后放置在固定针周围，可以吸
收渗出液和防止连接夹与皮肤接触

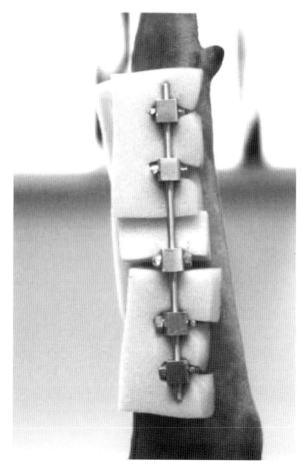

**图 10.3 外固定支架填料和包扎**

手术海绵还能够限制皮肤与固定针的相对移动

可以高压蒸汽灭菌。将海绵剪成两半后置于固定针周围（图 10.2 和图 10.3）。海绵是非常有效且廉价的材料，当然也可以使用铸型垫料和棉花。肢体远端骨折手术完成后，使用柔软的衬垫绷带将外固定支架和整个肢体包扎起来（图 10.4）。通常在 7~10 天，肢体肿胀缓解；如果有缝合，可以拆线，然后只包扎外固定支架；此时，只使用海绵和弹力绷带就可以了（图 10.5 和图 10.6）。

## 出院指导

出院指导包括绷带护理、骨科运动限制和外固定支架护理。这些最好以书面形式给主人。下面是每一项的范本。

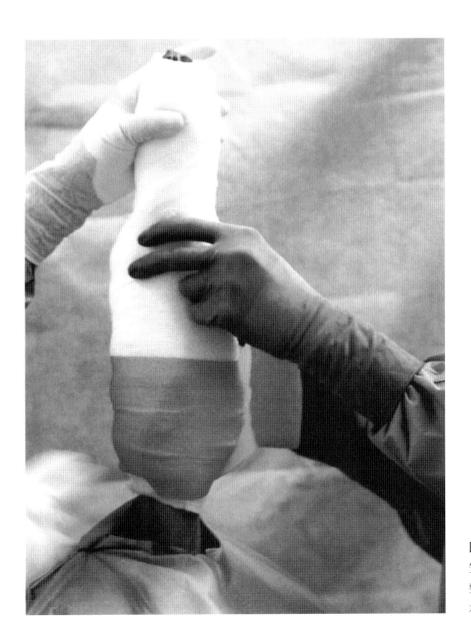

**图 10.4　术后远端肢体的包扎**
安置完外固定支架后，使用柔软的垫料绷带将整个肢体包扎起来。这样可以限制远端肢体的水肿，既舒适又可以吸收渗出液

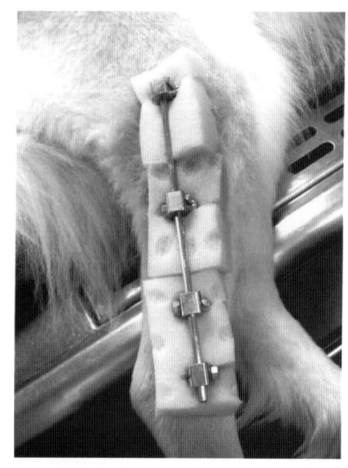

**图 10.5　肢体的后续包扎**

7~10 天后，只包裹外固定支架。这样有助于防止外固定支架与其他物品缠绕，避免损伤动物和主人

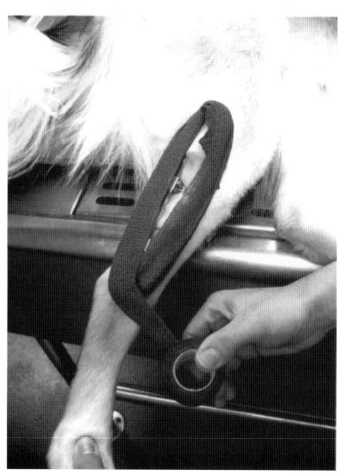

**图 10.6　使用弹力绷带缠绕支架**

弹力绷带缠绕着支架和手术海绵

# 骨科运动限制

您的宠物正从一个严重的骨科问题中恢复，为了确保成功康复，需要术后家庭护理。这些护理最主要的是限制宠物活动。宠物不像人类，它不明白自己受伤的性质，会在短时间内非常活跃；因此对其活动的限制是最重要的环节。这意味着要将宠物禁闭在室内，不能跳跃、跑步、上楼梯和打闹。当外出大小便时，必须牵溜，一旦如厕完毕需立即回家。当将其单独留在家中的时候，必须确保呆在不会给它带来任何损伤的地方，例如小房间或笼子。这种程度的限制在前 3~4 周尤为重要，并在 6~8 周的恢复期中持续保持。不留意这些简单的防范措施可能会导致再损伤或并发症，最终可能需要重新手术；这样会给您的宠物带来额外的不适，并给您带来额外的花费，而这些都是可以避免的。

# 绷带护理指导

您的宠物正从骨折或其他需要绷带或夹板包扎的疾病中恢复。以下是关于它在家中的护理指导，这将有助于它的恢复。所有的夹板和绷带必须保持干燥。如果绷带弄湿了，应立即重新更换和包扎。湿的绷带是非常危险的。

当动物在室外运动时，使用防水材料将绷带包裹可以确保绷带不被弄湿。回屋后便可移除。如果绷带出现滑脱、扭转、遭到损坏（如被啃咬等）或发出难闻的气味，应将动物带回门诊复诊。

务必记住，夹板只有在合适的调整时才具有价值。即使是最精巧的应用设备也无法保留在不确定的动物身上。为了避免对动物造成不必要的疼痛、皮肤或深层组织的破坏或其他严重后果，在指定的时间复诊是必要的；除非是急诊，复诊时需要预约登记。

# 外固定支架护理

您的宠物身上装有外固定支架。这是一个骨科装置，其固定针穿过皮肤和骨骼，并且连接于外部。外固定支架使骨骼在愈合过程中保持准直。以下是一些非常特殊的指导，能够让您正确地护理外固定支架和留意一些可能发生的问题或并发症。

固定针进入皮肤的部位需要您每天观察。外固定支架通常是被包裹着，但您可以提起包扎材料来观察固定针部位。一定程度的红肿是正常的，通常会在第 1 周后减到最轻。一定程度的排脓也是正常的，但如果浓汁使绷带浸透超过每周两次或从肢体上滴落下来，要引起重视。您可以用温水浸过的湿布来清洁固定针部位。不要使用双氧水或其他防腐液，会损害组织。

外固定支架的包扎材料需要不定期地更换。您可以来我们医院或是其他兽医门诊完成。我们也可以教您如何更换。

外固定支架位于肢体的外部，可能刮伤您或是把宠物卡在某个地方。为了避免这种情况，不要让您的宠物单独呆在有链锁栅栏的地方。不要让您的宠物跳到您身上。阅读和遵循骨科运动限制的资料。

如果出现下列情况，您必须马上回来就诊。

（1）您的宠物已经用患肢走路，但突然不使用了。

（2）如上所述，有过度地排脓。

（3）患肢或固定针部位有出血。

（4）外固定支架有损坏。

（5）爪部肿胀，使中间两脚趾甲分开。


请在 6~8 周后复诊，到时您的宠物将被镇静并拍摄 X 线片。如果骨折完全愈合，将在短效麻醉下拆除外固定支架。如果没有完全愈合，建议 3~4 周后复查。

请记住，外固定支架扮演着一个非常重要的角色。处在体外时，可能会被损坏。遵从这些指导可以避免装置过早松动，避免并发症和二次手术。

# 第11章
# 复查

## 体格检查

患病动物出院后，要在第7~10天、第6~8周复查，此后每3~4周复查一次。此外，如果动物停止负重，或者固定针处出血过多或渗出过多，也要复查。要询问主人动物平常的性情、食欲和活动程度。复查包括简短的一般体格检查，如体温、脉搏和呼吸频率。非常有用的检查方法就是观察动物的负重情况。要询问主人动物的负重能力是否有变化，尤其是是否突然不能负重。也要询问动物的活动程度，有助于确定主人是否严格限制了动物活动。

所有固定针的位置都要通过轻柔的触诊评估是否疼痛。动物不适是正常的，但如果触诊发现其中一个位置比其他更加疼痛，那么就需要对此进行更深入的评估检查。有时会出现一些血性浆液性渗出。这在固定针周围通常表现为结痂或轻度湿润。但化脓性的渗出是不正常的。渗出量不应该很多，不能每周更换浸透的绷带超过两次或者渗出液从未绑绷带的肢体上流下。

外固定支架针道的大小取决于其位置，也取决于皮肤和骨之间软组织的量，更加取决于固定针周围软组织的活动程度。例如，放置在股骨远端的外固定针就涉及股髌韧带（图11.1）。该区域软组织的正常活动，就会造成固定针周围较大的创口。然而，在大多数远端肢体的位置上，针道大小不能比固定针本身大很多（图11.2和图11.3）。大的发炎创口需要进一步关注。

第1次复查在出院后7~10天。患病动物在站立时应部分负重且脚趾触地，此时可拆除缝线（如果有的话）。远端肢体预期会出现一定程度水肿，但是在最初几天后就会消退，不会越来越严重。按压水肿的远端肢体后，出现凹陷常提示感染，尤其是动物不使用该肢体的时候。固定针处看起来应该是正常的，但在许多情况下，针道周围的肉芽没有完

**图 11.1　固定针位置的正常外观**

在第 6 周，该胫骨外侧面的固定针部位很小，没有炎症。可能有少量结痂，但并非异常

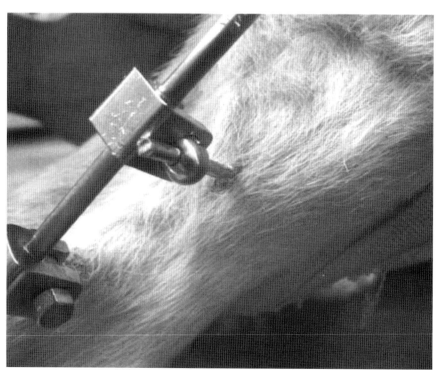

**图 11.2　固定针周围创口**

异常的较大固定针创口发生在软组织丰富与软组织和固定针之间有移动的区域。如果固定针侵害股髌韧带，股骨远端会出现大创口

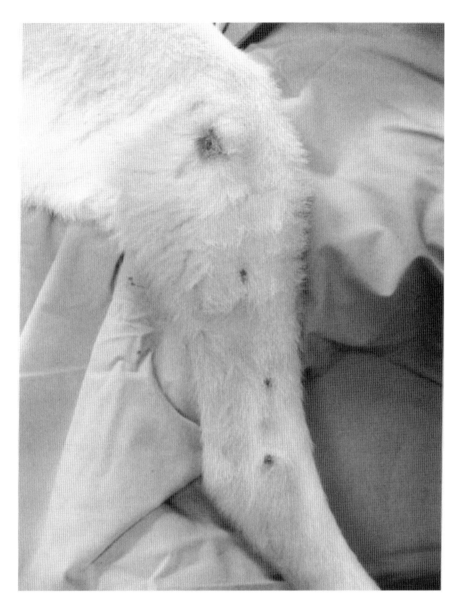

**图 11.3 固定针位置的正常外观**
外固定支架拆除后，当时见到的胫骨外侧面固定针部位。这些针孔仅仅比固定针大一点

全生成，在这些情况下，就会有一些炎症。触诊固定针位置可能会引起疼痛反应，但应该很轻微。有些情况下，固定针周围还未形成肉芽，针道就已经感染了。此时，固定针周围相当大的一片区域出现炎症，并且可能有脓性渗出物。这些病例要用抗生素治疗，推荐头孢唑林，10mg/kg，每天 3 次。病原菌通常是凝固酶阳性葡萄球菌，也可选择其他 β–内酰胺类抗生素。

注意观察外固定连接杆对皮肤的刺激。如果连接杆太靠近皮肤，创口有时候会恶化。如果开始出现这种情况，皮肤和软组织的肿胀会加剧刺激，使创口恶化。在皮肤和连接杆之间可放置海绵、棉花或医用衬垫进行保护，减轻创口的严重程度。海绵和皮肤之间应该放置含有聚六亚甲基双胍的抗菌引流海绵（图 11.4），以减少微生物增殖。

患病动物出院时，告知主人绷带弄脏或有臭味时就要更换（第 10

**图 11.4 抗菌引流海绵**
含有聚六亚甲基双胍的引流海绵可以有效降低
已经感染的针道处的细菌量

章）。如果肢体突然不能负重或有出血或过度渗出，立即带患病动物复查。这些病例的复查也要包括影像学评估。

第 2 次例行复查在第 6~8 周进行。许多常规骨折到此时已经愈合，但也会出现比这更长的愈合时间，重要的是评估骨折，确保骨折愈合按预期进行。动物应该可以负重。如果固定针松动，就可见到跛行程度缓慢增加。触诊固定针位置，动物应该没有疼痛，且渗出很少。唯一的例外就是如上所述的固定针周围软组织丰富和皮肤活动。在这种情况下，可能会出现更大的创口，需要引起适当关注。要定期拍摄 X 线片，评估 4A——准直、对合、固定材料和活性（第 9 章）。这将决定外固定支架是否可以移除、是否需要更多的时间、是否需要降低外固定支架的强度或者是否需要介入治疗。如果外固定支架没有拆除，患病动物要在 3~4 周后再复查。间隔这段时间再评估，可确保看到愈合缓慢的骨折的进展，还能在出现问题时在最佳时机解决。

仔细解读 X 线片对于一个病例未来的管理是很重要的。除了解读以上所述的 4A 原则以外，体格检查和负重能力的检查结果也必须予以考虑。此时即使仔细解读 X 线片，临床医生也可能不确定骨折是否会缓慢愈合或者发展为骨折不愈合。然而，也有一些特定的 X 线征象会指示其临床方向，而且这些都是基于骨折愈合的预期机制的。

## 骨折愈合

骨折愈合存在两种基本方式：直接和间接骨愈合（图 11.5）。稳固的内固定、骨碎片接触仅有很小的骨折线时，发生直接骨愈合。在这种

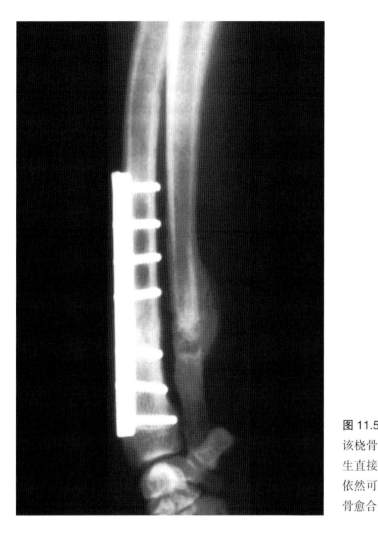

**图 11.5 直接和间接骨愈合**
该桡骨使用骨板稳定固定，骨折间隙接触，发生直接骨愈合。尺骨并未稳定固定，骨折间隙依然可见，可能存在骨片间移动，发生继发性骨愈合

情况下，哈弗氏系统（Haversian systems）直接越过骨折线，没有骨痂形成，直接骨塑形。

间接骨愈合伴有骨折间隙和骨断端的轻微移动。由于外固定支架的放置通常不会引起骨断端间隙压迫，所以大部分骨折间隙通常可见。尽管外固定支架非常稳固，但一般不用于需要骨片间压迫的骨折线；骨片间压迫可以通过环扎钢丝和骨板实现。因此，存在骨折间隙和骨片间移动时，间接骨愈合是使用外固定支架修复的骨折愈合的最常见方式。幸运的是，外固定支架也非常支持间接骨愈合。这是因为外固定支架保护了间接骨愈合所需要的血供，局部生物学和机械环境也得到促进改善。

骨破坏会释放许多细胞因子，这些细胞因子诱导产生多能间充质干细胞在骨折区域分化增殖。大多数干细胞起源于骨膜的形成层，在应用外固定支架期间通常不会受到影响。其他细胞因子和局部影响因素促使血管向内生长，促进这些细胞增殖分化为成骨细胞。干细胞的局部增殖导致骨痂形成，这是间接骨愈合的标志。骨痂的大小受很多因素的影响，包括年龄和位置，而且骨痂大小和局部骨片间移动有直接关系。根据局部生物学和机械环境，骨痂干细胞会分化成为成骨细胞、成软骨细胞或成纤维细胞的谱系。骨片间小应变和富氧环境促使成骨细胞形成。稍大应变和低氧环境促使软骨细胞形成。大应变、活动和低氧环境促使纤维组织形成。这些不同情况可在同一骨痂内发生。骨痂外层类似于圆柱体外层，最有能力抵抗弯曲力，所以受到的应变较小。此外，由于愈合骨痂的血液供应很大程度上来自骨膜，所以骨痂的外层是富氧环境。因此，骨痂外层有最好的机械性和生物学环境，从而促使干细胞优先形成成骨细胞。相比之下，原始的骨折断端处于骨片间高应变状态和低氧环境。此时，这种环境促使干细胞分化成成纤维细胞或成软骨细胞系。因此，当通过继发性骨痂形成评估骨折愈合时，骨痂的外缘是否完成桥连可提供有效信息。

如上所述，骨痂处更多的活动通常导致更大的骨痂。然而，跨越骨折间隙的过多活动将不利于合适的骨细胞生成。换句话说，成纤维细胞和成软骨细胞在不稳定的骨折中形成；如果是在低氧环境下，最终结果很可能就是不愈合。一般来说，骨折能够承受的活动量大约是骨折面的2%。例如，横骨折 2mm 的骨折间隙只能承受 0.04mm 的活动幅度。相比之下，一个 10mm 面的粉碎性骨折能承受 0.2mm 的活动。

有时需要跨越骨折间隙的应变来刺激骨变得更强壮。已被证实，如果一个非常坚硬的外固定支架放置在未受损伤的胫骨上，几周内胫骨就会开始丢失矿物质含量，再发展为骨质减少。如果有跨越骨折的应变，但没有超过骨愈合的运动限值，骨痂会愈合地更强更快。沿着骨长轴方向的应力能够很好地促进骨痂成熟，这种应力称为轴向力，在肢体负重时正常存在。而肢体的弯曲力、扭转力和剪切力是弊大于利。在某种情况下，完全缺少跨越骨折的轴向力时（使用非常坚固的外固定支架时会发生），虽然会形成一个小的初始骨痂，但是矿物质含量会渐渐丢失，X 线片密度越来越低，而不会增加矿物质含量和影像密度。

# 骨折愈合的评估

　　复查和 X 线片应该指引临床医生做出以下 4 个行动方案中的 1 个：拆除外固定支架、再等待时间愈合、介入治疗、阶段性拆除外固定支架或动态降低外固定支架强度。基于对骨折愈合机制的理解和骨折愈合的 X 线表现，可根据临床实际情况制定一些标准。通常采取两个投照体位：前后位和内外侧位。患病动物通常需要镇静，如果有绷带包扎的话，应将其移除以免遮挡骨折处。X 线投照技术和显影效果足以评估新骨生成。

　　如果有足够的骨痂桥连骨折间隙，外固定支架就可拆除（图 11.6）。在侧位 X 线片上，骨前后面的骨痂边缘应该是连续的；在前后位 X 线片上，骨内外侧面的骨痂是连续的。骨痂要含有足够高密度的骨，就是说骨痂的密度要接近邻近宿主骨的密度。如果见到有足够密度的完全桥连的骨痂，并且动物能够负重，外固定支架就可以拆除。如果动物不能负重，必须确定这种情况的原因。即使骨折充分愈合，松动的固定

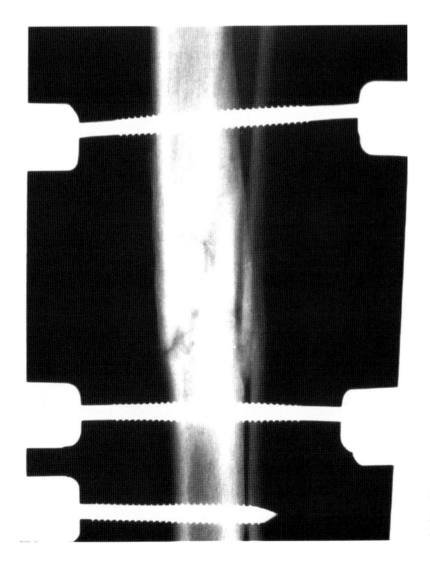

**图 11.6　愈合骨折的外观**
如果 X 线片上有足够密度的矿物质含量的连续骨痂，外固定支架可拆除

针也会引起严重的跛行。在这种情况下，拆除外固定支架就会去除跛行的原因。然而，骨折的充分愈合必须经过更加严格详细的检查。如果可能的话，除了关键的影像学评估外，还要松开外固定支架检查骨折的稳定性。在外固定支架可拆除之前，最初的骨皮质不需要有连续性。在骨皮质重塑前很长一段时间，就有坚硬且牢固的大骨痂。外固定支架留在适当位置尽管不是禁忌，但一些骨折的重塑需延续数月，这样患病动物和主人要遭受更长时间的不适和护理。外固定支架可通过剪断或拆除连接杆移除，然后用固定针卡头或由电池供电的小电钻将固定针从骨骼上拧下。全针从皮肤一侧剪平后，再从另一侧拧下来。这个过程必须在全身麻醉下完成。短效硫喷妥或丙泊酚用于麻醉非常有效。

如果动物负重，而且①有骨痂但还没有完全桥连；②桥连骨痂密度不足，外固定支架不太坚固；③所有固定针的针－骨界面是完好的（图 11.7），要给予更多的时间让骨折愈合。如果动物不负重，必须确定其原因并且纠正。动物出院后严格持续限制活动，并在 3~4 周后进行影像学复查。

如果在骨折完全愈合之前固定针松动，那就需要拆除或替换固定针等介入治疗。松脱的固定针不利于骨折的稳定，且促进疼痛和感染，因此要被拆除。如果拆除单个松脱的固定针，每个骨碎片仍保留 2 个安全的固定针，骨折也会保持稳定。否则，松脱的固定针要被替换。

外固定支架很坚固，它能够承受大部分的负重，导致骨痂不会受到塑形成强骨所需的足够负荷。这种情况通常发生在双侧 Ⅱ 型外固定支架，每个骨片 3 根或更多的固定针。在 6~8 周第一次影像学复查时，尽管骨痂常常已经桥连，但还不够多，而且比邻近骨密度要高（图 11.8）。骨－针界面是完好的，且动物能够负重。有几个简单的策略可以实施。如果外固定支架是 Ⅰb 型，可移除一个连接杆及其固定针。如果是单侧外固定支架配合加强杆，可以拆除加强杆。Securos Ⅱ 型外固定支架有轴向动态减压的特性。用方头螺栓代替连接夹螺栓，可使连接夹在连杆上滑动。骨折在弯曲、扭转和平移时保持稳定，但承重力会沿着骨折轴转移（第 6 章）。

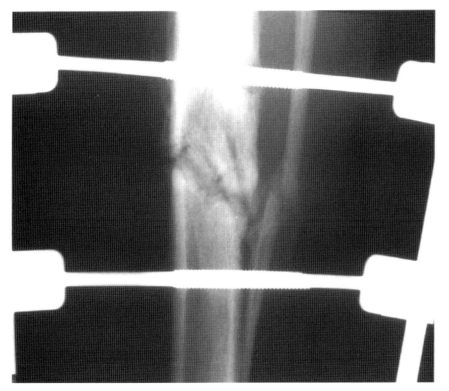

**图 11.7 愈合骨折的外观**
如果骨痂并未完全桥连、固定针不松动、动物
能负重，外固定支架应保持不动

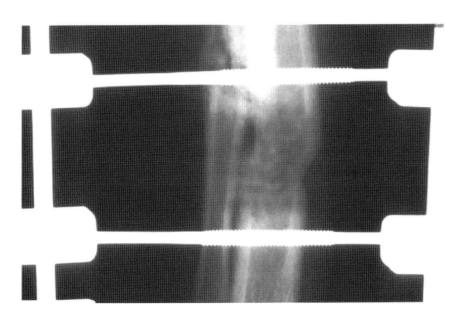

**图 11.8 应力保护骨痂的外观**
如果 X 线片上小的骨痂密度比邻近骨的密度低，
那应该使外固定支架强度降低

# 第 12 章
# 并发症

外固定支架在骨折修复中的应用有着一段曲折的历史。一些关于外固定支架最早的报道来自于 19 世纪末人医矫形外科医生的工作，可他们的技术未能得到广泛地普及和使用。外固定支架在二战期间得到了重生，此时它们得到战地急诊外科医生的认可和利用。然而这个时期也非常短暂。由于 ESF 的使用被认为具有非常高的并发症率，当时在美国外科医生间普遍被禁止使用。

最近几年，大家已经意识到有一些"并发症"事实上是外科医生在应用外固定支架时所犯的技术错误造成的必然结果。而这些认识是相当关键的，通过认识这些能够导致并发症的技术错误，并改良这些技术，矫形外科医生已经能够很大程度上减少并发症的发生率。虽然外固定支架听起来非常简单，但是做起来却很复杂，因为容易受变更的小技术和错误影响。

这些并发症源于早期较小的技术错误，常出现在 ESF 并发症的讨论中。一系列与外固定支架相关的并发症见表 12.1。

在这一章，我们会对并发症进行分类。然而，在固定器各种组件（包括受伤的肢体！）之间存在着复杂的内部关系，不要忽略潜在的一些较小生物或机械因素，例如，一个松动感染的固定针。

表 12.1　与外固定支架相关的并发症

| 软组织刺穿 | 无法保持稳定 | 感染 |
| --- | --- | --- |
| 肌肉 | 支架严重损坏 | 骨髓炎 |
| 神经 | 固定针断裂 | 死骨形成 |
| 肌腱 | 固定针脱出 | 严重的固定针针道感染 |
| 血管 | 固定针过早松动 | 轻微的固定针针道感染 |

# 软组织的刺穿

在固定针的安置过程中，必须避免刺穿肌腱、血管或神经组织。Marti 和 Miller 已经定义了安全、危险和不安全的"通路"。如果外科手术医生想避免破坏基本的软组织结构，那么必须清楚患肢的表面结构、"标志性"解剖及横断面解剖（第 5 章）。

虽然固定针放置不当会造成一定程度的不适和残疾，但通常不会对肌腱组织造成严重的永久性功能损害。在拆除不当的固定针后，要对肌腱组织进行检查，偶尔需要缝合肌腱。

周围神经组织的损害不常见，但这是严重的并发症。在固定针安置过程中，如果造成严重的神经损伤，那么此时固定针周围的神经组织将处于"紧张"状态。导钻和组织保护器的使用，以及完备的神经解剖学知识能够最大限度降低周围神经组织损伤的风险。对于一个涉及较长神经的碾压和拉伸损伤，其后果非常严重。这些神经损伤，其功能很少能够恢复或修复。根据具体涉及的神经不同，其四肢功能的预后不尽相同，但仍应及早考虑进行补救手术。

在 ESF 固定针放置过程中，对肌肉的刺穿损伤是无法避免的。远端肢体的解剖决定了只有部分区域皮下就是骨骼；如果限定只能使用这些区域，外固定支架的放置就局限了。如果肌肉肌腹被固定针刺穿，或通常具有移动性的肌肉被固定在其下的骨骼上，那么将会出现严重的功能问题。然而，固定针刺穿肌肉起始点或嵌入点的发病率非常小。关于肌肉刺穿结果的更详细的讨论见"严重的固定针针道感染"和"轻微的固定针针道感染"（见下文）。

## 急性出血

只有当固定针安置在不恰当的位置上时，才可能遇上大血管。然而，在钻孔或安置固定针时很少会大出血。这种情况下，要立即撤出固定针，对出血处进行直接或间接指压，并维持 90~120s。然后将固定针安置在远离出血点的其他位置上。在极偶尔的情况下，可能需要放弃手术，使用压迫绷带止血，24~48h 后再安置 ESF。

### *后期出血*

常见于顺利放置固定针后 1~6 周。后期出血最常出现在桡骨近端放置全针时的内侧面。出血几乎可以肯定是因为固定针对正中动脉分支的腐蚀造成的。这种出血相当快，并持续数小时，最终导致严重甚至是威胁生命的失血。治疗时需要立即拆除固定针，并压迫绷带包扎。压迫绷带要留置数小时，或直至给予进一步的治疗。在最好的情况下，这样就能解决问题。在极少情况下，需要切开并结扎血管。根据以往经验，任何想不通过拆除固定针来尝试控制这种后期出血的方法都将以失败告终。

## 无法保持足够的稳定

"足够的稳定"可定义为能够对可能破坏骨折愈合的应力进行有效控制。足够的稳定并不是意味着绝对的稳定；事实上，对于较小程度的微小活动，愈合骨不但能够很好地耐受，而且对骨折愈合还有益处。"足够稳定"无法限定也无法预定。根据固定器是需要一定程度分担骨折处所承受的体重（图 12.1），还是完全承担体重（因为骨骼完全碎裂）（图 12.2），其稳定的要求有所不同。随着骨折的不断愈合，骨骼的物理强度不断提升，对固定器的依赖也逐渐减少。随着这一过程的不断发展，对于足够稳定的要求会也逐渐降低。理想下，外科医生应该在骨折愈合的整个过程中，保持对外固定支架的控制。无论任何时期、任何原因，只要是无法保持外固定支架的足够稳定，都必须视为并发症。然而，尽管有时候外固定支架很早松动和固定失败，但仍然可能会出现一个良好的临床结果。

## 支架严重损坏

支架的损坏通常是技术性错误引起的。使用的支架太小或不够坚固，无法抵抗在骨折愈合过程中承受的力时，将不可避免地出现一些问题和并发症（图 12.3 和图 12.4）。为了避免支架过早的损坏，外科医生已经设计进化出更加强壮坚固的外固定支架（图 12.5 和图 12.6）。

关于 ESF 器械发展近况的描述在第 6~8 章。这些新器械不但更加

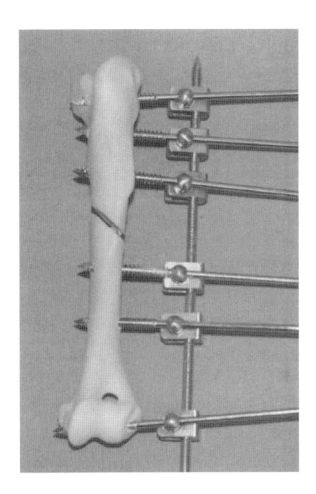

**图 12.1　分担负重**

在这个肱骨骨折中，可以做到两块骨碎片的准确重建，所以重建的骨骼预期能够承担一部分负重。因此，这种外固定支架称作"分担负重"

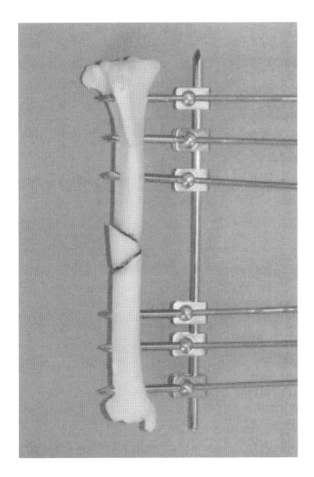

**图 12.2　完全负重**

这种骨折是粉碎性的，无论如何准确地重建这些骨碎片，重建的骨骼也无法完全恢复机械性能。因此，这种外固定支架称作"完全负重"，必须足够坚固，来抵御患病动物行走中产生的一切应力

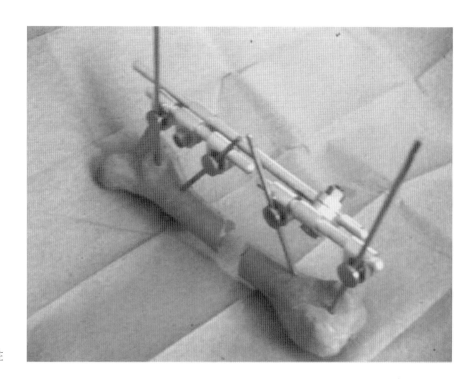

**图 12.3 双重连接夹**
双重连接夹本身薄弱，不能作为主要的支撑柱

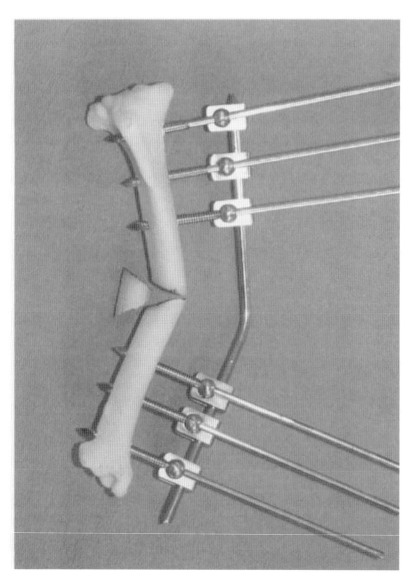

**图 12.4 不合适的外固定支架**
使用不合适的外固定支架不可避免地会导致支架损坏。如果使用单根 4.8mm 连杆的非对称性支架用于体重为 50kg 犬的胫骨粉碎性骨折，那它将无法负重，注定损坏

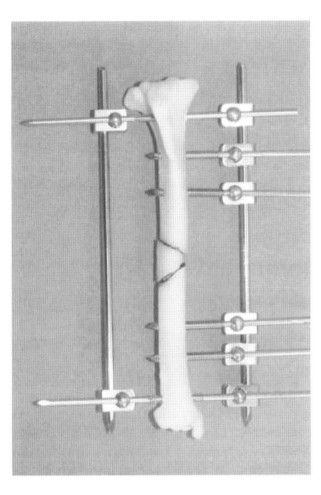

**图 12.5 增加外固定支架的强度**
对侧增添 1 根连杆，极大增强了支架的强度和
硬度

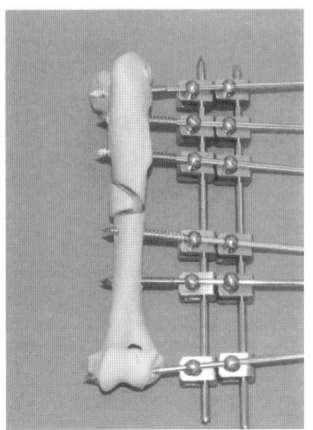

**图 12.6 双连接杆**
在肢体近端（肱骨和股骨）无法使用双侧连接
杆。在同侧增添 1 根连接杆可以增加强度和硬
度。这种双连接杆构造的强度和硬度介于图
12.4 和图 12.5 的固定器之间

地坚固和强壮，而且组件更少。另外，外科医生也可以选择更复杂的支架，这些支架安全性更好，预期的并发症也相应减少。

## 固定针断裂

如果固定针的型号使用恰当，那么固定针的断裂是较为罕见的。然而，阴螺纹固定针特别容易失败，通常是在螺纹部分与非螺纹部分的连接处断裂。阴螺纹会导致应力集中于螺纹部分末端这一较小的区域，使得固定针处于疲劳断裂的风险中。有一种专门设计的阴螺纹固定针——Ellis 固定针，其特点是螺纹长度非常短，使得应力增加的部位位于骨髓腔内（有效的机械保护的环境）。阳螺纹固定针不存在 Ellis 固定针或阴螺纹固定针的缺点。随着阳螺纹固定针的出现，阴螺纹固定针已逐渐被淘汰。对于 Ellis 固定针在兽医矫形外科的使用，仍存在一些争议；一些外科医生仍然会使用 Ellis 固定针，没有出现过问题。很明显，其他因素对固定针的断裂也有很大影响，例如使用的固定针数量太少或型号太小。另外，那些使用 Ellis 固定针的外科医生已经成功制定出对抗这些植入物机械缺点的有效方法。

管理这些固定针断裂的病例通常会涉及尝试拆除固定针，但由于固定针通常与骨皮质持平，因此想要拆除固定针的尖端是困难的，有时是不可能的。对于这些病例，如果没有出现比预期更进一步的并发症，可以将固定针的尖端遗留在骨髓腔内。随后，外科医生要复查外固定支架的强度和刚度，并评估出现固定针失败的原因。很可能需要添加固定针，或许还要添加连接杆来增强支架的强度和刚度。外科医生要意识到重复原来的支架设计（曾经失败过一次）是个错误。

## 固定针脱出

滑面固定针平行或接近平行放置，就会脱出。正确的技术规定，放置滑面固定针时，彼此之间应该向外或向内呈一定的角度，忽视这一点将不可避免地导致失败。在无法成角放置固定针的部位，可尝试使用螺纹固定针，避免固定针的脱出（图 12.7）。

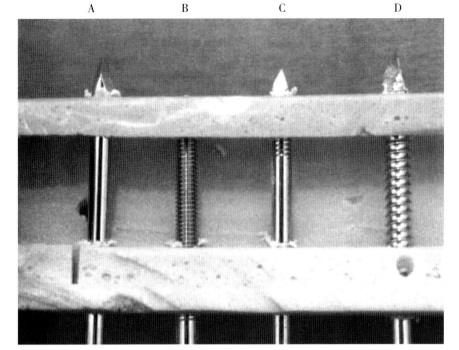

**图 12.7 固定针的类型**

4 种不同类型的 ESF 固定针放置在一个骨骼剖面上。（A）滑面型三棱尖固定针，生产廉价，但具有最小的抗拔阻力。（B）阴螺纹固定针，具有一定的抗拔阻力，但螺纹部分的末端较为脆弱。"应力增加"的部位通常邻近骨皮质处，这是应力最大的地方。（C）Ellis 固定针，阴螺纹部分长度短，这样螺纹末端应力增加的部位在骨髓腔内，有一定的机械保护作用。（D）阳螺纹固定针，具有相当大的抗拔阻力，与阴螺纹固定针相比，更加坚固，不易断裂。一些外科医生在外固定支架中只使用阳螺纹固定针

# 固定针过早松动

固定针应保持牢固，直至外科医生选择将其拆除，任何在此之前的松动都应定义为过早松动。固定针过早松动是外固定支架极为常见的并发症。对于一些骨折，尽管出现一根或多根固定针的松动，但其仍然可以保持连接的状态。因此，在一些使用外固定支架的外科医生中，形成了不重视固定针过早松动这一并发症的态度。导致固定针过早松动的因素之间具有复杂的内在关系，总结于图 12.8。不良的固定针放置技术通常是这一连串反应的启动因素。

根据每个特定病例的特殊情况，治疗固定针过早松动的方法各异。当只有一根或两根固定针松动，并且骨的愈合很好时，可以仅仅拆除出现问题的固定针而不采取进一步的措施。当松动的固定针使支架不再牢固时，则需要更积极的方法。对于这些病例，所有松动的固定针都要拆除，并且重新审视失败的外固定支架设计。常规做法是对外固定支架进行加固，可以沿现存的连杆添置固定针，或是添置连杆和固定针。固定针过早松动时常常并发感染，必须重视这种情况，因为如果不拆除固定针，这种感染是不会消失的。同样的，如果不拆除固定针，将无法控制感染，更不要希望固定针能够"牢固起来"。松动和感染的固定针需要拆除。

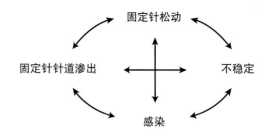

图 12.8　导致固定针过早松动的因素之间复杂的内在关系

## 与感染相关的并发症

### *骨髓炎*

作为并发症，真正由于外固定支架引起的骨髓炎较为罕见；事实上，外固定支架因为其他原因引起的骨髓炎管理提供了一种更为有效地稳定骨骼的方法；例如，骨折中使用髓内针或骨板固定引起的并发症。

### *死骨*

死骨形成是一种较为少见的并发症，同样已证明，外固定支架为其他原因引起的死骨形成管理提供了一种有用的方法；例如，在开放性或感染性骨折中使用髓内针或骨板固定引起的并发症。

外固定支架的特定并发症是环形死骨。在固定针放置期间出现的严重热坏死现象不断增多。破坏性热坏死完全是由不良技术造成的——通常是使用三棱尖固定针对较难钻孔的皮质骨进行高速钻孔引起的（图 12.9）。第 5 章中详细描述了固定针的正确放置方法。当外科医生遇上环形骨坏死的并发症时，应当紧急审查自己的技术。跟骨是环形骨坏死最常发生的部位，这也反映了跟骨密度特别高、特别硬的事实。

环形骨坏死的治疗包括拆除受影响的固定针（不可避免地会出现松动），然后对固定针道刮治——使用超大号的钻头对针道钻孔（很容易做到）。皮肤创口不缝合——固定针道可以自由引流，创口二期愈合。有时，令人担忧的是会在骨骼上留下一个较大的洞，这可能需要自体松质骨移植来治疗。应在刮治术后 4~7 天进行骨移植，这样可以控制感染，并生长健康的肉芽组织。

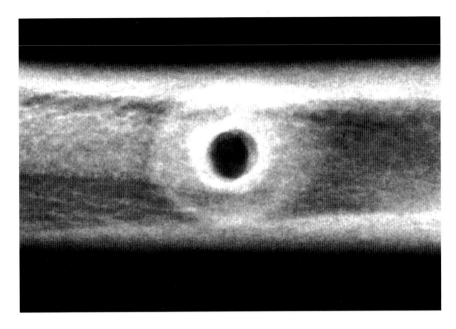

**图 12.9 环形死骨**
这个胫骨上的针道是使用三棱尖斯氏针造成的。虽然不是一个"成熟"环形死骨，但是由于造成了骨骼热损伤，骨骼已经出现变化

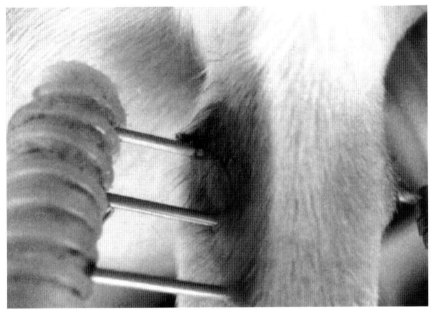

**图 12.10 严重的固定针针道感染**
在桡骨近端全针两侧周围可见明显的软组织肿胀。患犬跛行加重，触诊固定针周围有疼痛感。固定针周围可见明显的排脓（湿润和变色）。X 线片上显示固定针周围区域骨溶解。拆除这根固定针是有效的治疗方法

## *严重的固定针针道感染*

严重的固定针针道感染是 ESF 相对常见的并发症，总是伴随着固定针的过早松动（图 12.10）。严重的固定针针道感染的特点包括：

- 固定针—皮肤界面细菌定植；
- 疼痛；
- 固定针周围排脓；
- 固定针松动。

严重的固定针针道感染最常出现于同时发生多个较小的明显技术错误之后，最终导致感染和固定针过早松动。固定针针道感染与其他问题之间的内在关系总结于图 12.8，例如：不稳定的支架设计会使固定针松动和感染，随后感染会使固定针进一步松动和不稳定。

对于严重的固定针针道感染的治疗包括及早拆除受影响的固定针和抗生素治疗。针道保持开放，这样可以自然引流。管理严重的固定针针道感染的关键步骤是复查 ESF 结构的强度和刚度。如果要避免针道进一步感染或松动，可能需要添加组件来增加外固定支架的强度和刚度。

### 轻微的固定针针道感染

区分轻微和严重的固定针针道感染是非常重要的。几乎在所有的外固定支架病例中都可看见不同程度的轻微的固定针针道感染，在固定针刺穿较厚的软组织部位表现明显（图 12.11）。当固定针直接放置进入皮下骨骼中时（未穿透任何肌肉组织等），固定针 - 皮肤界面将其自身封闭，不会出现持续性炎症、感染、肉芽组织或排脓（图 12.12）。然而，如果较厚的肌肉或其他皮下软组织被刺穿，则不可避免地会出现轻微的固定针针道感染。轻微的固定针针道感染的特点包括：

- 固定针 - 皮肤界面细菌污染；
- 少量肉芽组织形成；
- 清亮浆液排出；
- 无疼痛；
- 无固定针松动。

这些病变的严重程度与刺穿的软组织深度和这些软组织的活动性呈正比。轻微的固定针针道感染不属于真正的并发症，其为软组织被刺穿后不可避免和自限性结果。除了常规的创口处理外，没有特别的治疗方法。

总之，大部分与外固定支架相关的并发症是早期技术错误造成的。注意技术中的细节能够改善临床结果。外科医生应该了解这些小问题之间的复杂内在关系（概括于图 12.8），因为这些小问题能够协同作用，引起并发症和导致固定失败。

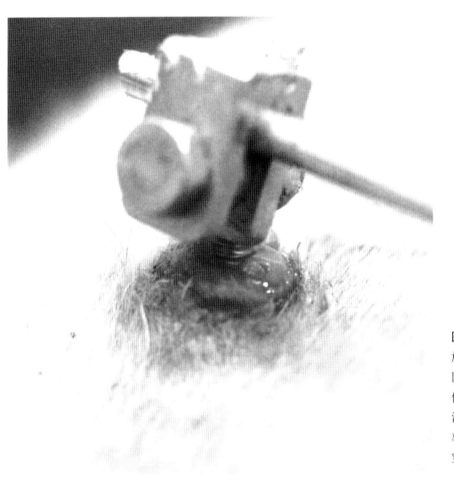

**图 12.11　轻微的固定针针道感染**
放置在猫远端股骨干上的阳螺纹固定针。这根
固定针已经放置了 8 周，虽然有肉芽组织生成，
但是几乎没有出现排脓现象。固定针仍然牢固，
没有疼痛。这就是"轻微的固定针针道感染"。
事实上，这并不是并发症，只不过是固定针刺
穿较厚可活动软组织的必然结果

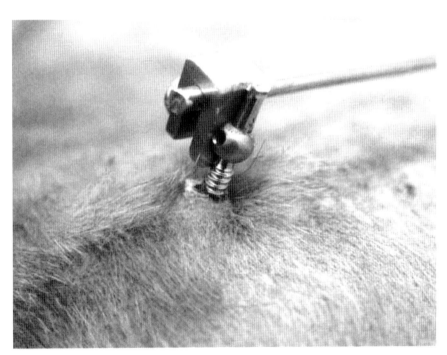

**图 12.12　正常的固定针针道**
与图 12.11 同一只猫的股骨近端。固定针在不
涉及任何较厚软组织的情况下，直接穿透皮下
骨骼。没有出现任何疼痛和排脓，并且固定针 –
皮肤届面完全干燥、良性和无不良反应

# 第 2 部分
# 病例分析

桡尺骨

# 病例分析 1

## 临床表现、病史和骨折

德国牧羊犬，5岁，35kg，雌性，未绝育，失踪数小时后发生了右侧桡骨开放性骨折。胸部和腹部X线片未见明显异常。创口剃毛、灌洗，并用罗伯特琼斯绷带包扎。该骨折为桡尺骨中段Ⅰ级开放性骨折，有数个较大的粉碎性骨碎片。远端骨干碎片的前后面有一5cm长的纵向骨裂。远端骨碎片向后移位，约1cm。

## 手术计划

手术安排在事故发生后1天进行。不考虑铸型外包扎固定。手术修复可选择开放性复位和桡骨骨板内固定。因为骨裂是在前后面的，最好放置内侧或前内侧骨板。但这是粉碎性骨折，骨碎片数量多，无法完全重建骨折。应考虑使用小切口的外固定支架。患犬体型大，体重35kg，而且是粉碎性骨折，不可能分担负重。要选择足够强度和刚度的外固定支架完全负重。如果使用外固定支架，可考虑使用Ⅱ型（双侧）或Ⅰb型（单侧，双面）支架，弥补缺少骨骼的分担负重。

## 骨折修复和评估

尺骨骨折使用髓内针修复。尺骨上做一5cm的切口，顺向钻入髓内针，越过尺骨骨折线。这不仅使尺骨保持准直，也有助于桡骨复位。桡骨不切开，应用Ⅰb型（单侧，双面）外固定支架。在桡骨近端和远端放置阳螺纹半针，固定好连接杆。沿此连接杆再放置4根半针。在前臂部前内侧再放置装有4根阳螺纹半针的第2个连接杆。注意尽量避开桡骨远端的骨裂。

术后X线片显示准直良好。骨折对合充分。在患犬，Ⅰb型外固定支架足够分担负重。

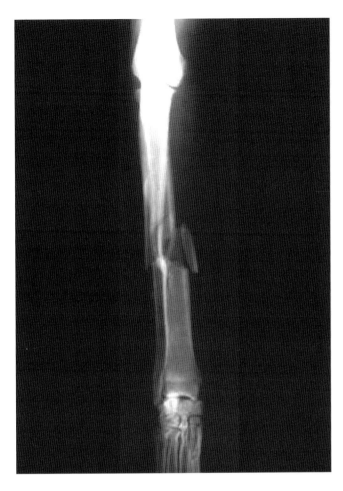
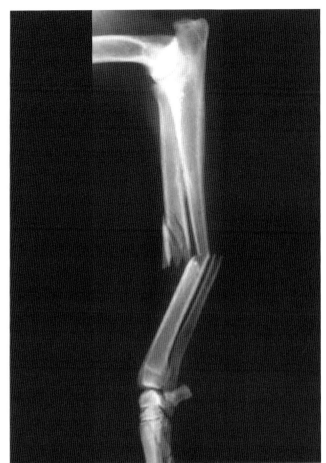
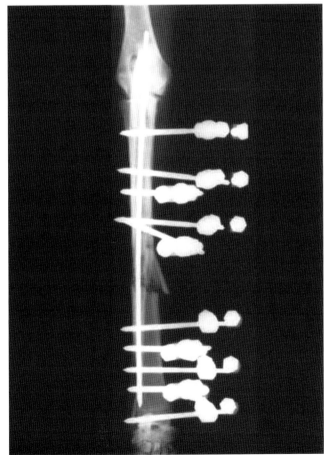
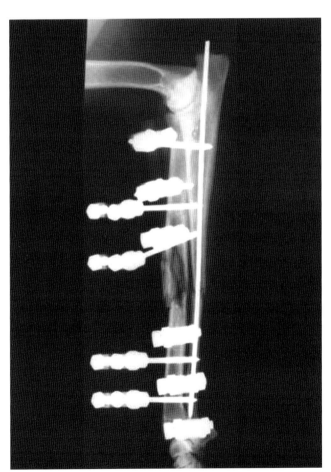

## 随访评估

术后9周复查，并拍摄右前臂部X线片。患犬一直良好地使用该肢。从近端2根固定针和直径2cm的肉芽创周围持续有分泌物流出。X线片显示准直和骨折对合良好。最近端的固定针出现早期松动。桡骨和尺骨有少量的桥连骨痂，但仍可见桡骨缺损。拆除前侧配有4根半针的连接杆，之后4周患犬严格牵遛。拆除最近端松动的固定针。

## 第2次随访评估

术后13周复查，并拍摄X线片。患犬患肢负重时跛行，站立时会抬起患肢。最近端固定针周围肉芽创，持续渗出。X线片显示肢体准直和对合未出现变化。最近端的固定针松动。尺骨髓内针未出现偏移。桡尺骨均已出现桥连骨痂。拆除剩余的外固定支架；患犬出院，告知缓慢恢复正常肢体功能的方法。

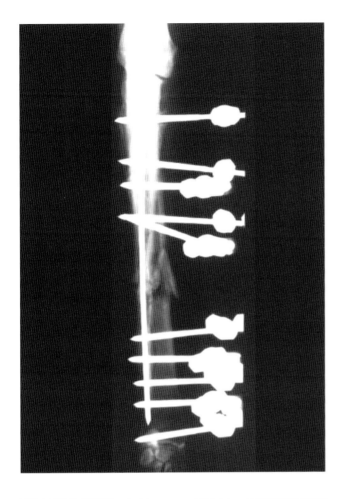
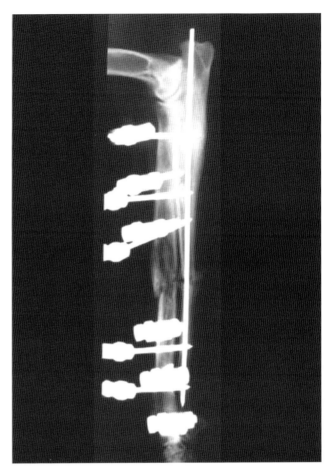
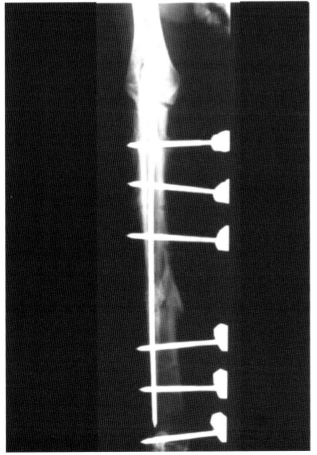
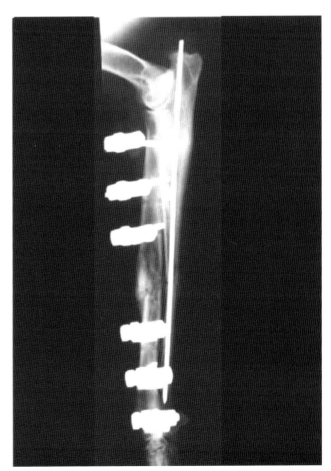

# 病例分析 2

## 临床表现、病史和骨折

魏玛犬，4 岁，22kg，雄性，未去势，就诊前一天因车祸导致左前肢桡尺骨骨折。胸部和腹部 X 线片未见异常。左前臂部 X 线片上可见桡尺骨中段闭合性短斜骨折，并有粉碎性骨折（多个小的中间骨碎片）。桡骨远端骨碎片与近段重叠大约 2cm，近端骨碎片向前外侧移位。

## 手术计划

术前用罗伯特琼斯绷带包扎，暂时稳定骨断端并减少肿胀。手术修复可选择单纯桡骨骨板内固定或联合尺骨髓内针内固定。中间的骨碎片太小，所以不能尝试用环扎钢丝或拉力螺钉固定。这个病例中，有限通路或闭合性复位的外固定支架是一个有吸引力的选择。

患犬中等体型，体重 22kg。由于骨折线倾斜并伴粉碎性骨折，不能实现分担负重。因此，要选用支撑模式的骨板或外固定支架。近端和远端骨碎片有充足的空间放置足量的骨螺钉或贯穿固定针。如果使用外固定支架，可考虑使用双面支架，弥补缺少骨骼的分担负重。如果开放性骨折，务必要考虑松质骨移植。

## 骨折修复和评估

该骨折采用单侧－双面（Ⅰb 型）外固定支架进行修复；支架选用大号 SK 连接夹和透射线的碳纤维复合材料连杆。动物仰卧，并通过肢体悬吊技术获得骨折的基本准直。必要时，可通过"微创"调整准直，并进行松质骨移植。在肢体前内侧，先放置近端和远端半针，并用 2 个单连接夹分别与连杆固定。轻微调整骨折准直，紧固连接夹维持准直。然后，穿过连杆上的连接夹再放置 2 根固定针，完成 4 根半针的前内侧支架。再放置一个 4 根半针的前外侧支架，完成 Ⅰb 型外固定支架。闭合创口之前，从左侧肱骨近端干骺端区域采集松质骨移植到骨折区域。未使用联动杆。

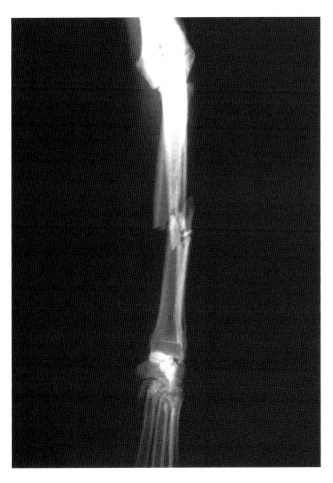
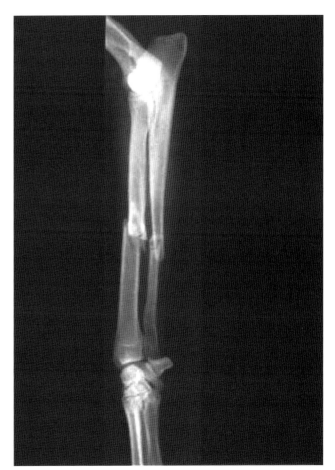
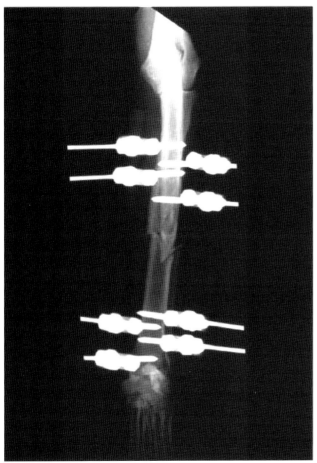
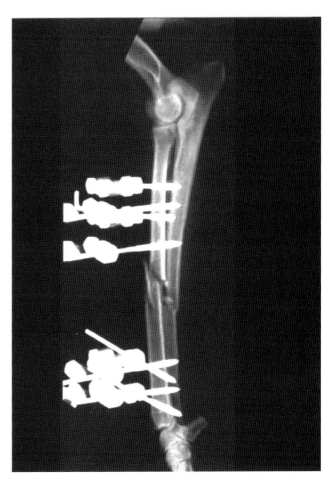

术后 X 线片显示肢体准直良好。近端骨碎片上，放置在前外侧的最远端固定针靠近骨折线，但没有妨碍到骨折。远端骨碎片上，放置在前外侧的最近端固定针离骨折线太远，最好是放置地再靠近骨折线一点，以便减少支架的工作长度。每端骨碎片放置 4 根贯穿固定针和双面支架足够提供骨折的稳定性。如果需要额外的支架强度，可以应用双对角线的联动杆。

## 随访评估

在第 7 周，患犬复查，并拍摄左前臂部 X 线片。动物主人出门时，患犬笼养限制；在这期间，出门牵遛时，能很好地使用患肢。固定针处创口清洁干燥，动物主人一直在更换外固定支架处的保护性缓冲绷带。X 线片显示骨折准直无变化，骨折区域可见预期量的早期骨痂沉积。此时，开始以下列方式分阶段拆除外固定支架。先拆除前外侧支架的大号 SK 单连接夹和 9.5mm 碳纤维复合材料连杆，用小号 SK 单连接夹和 6.3mm 钛连杆替换。用同样的方法处理前内侧支架，用小号固定材料替换大号的。这样使支架的硬度减少了 4 倍，但仍然可提供双面抗弯曲力的效果。

## 第 2 次随访评估

在第 12 周，患犬复查并拍摄 X 线片。自从第一次复查后，肢体已经可以维持正常的功能使用。X 线片上明显可见骨折逐渐愈合。继续分阶段拆除 4 根半针的前外侧支架，从而使其转换为 I a 型外固定支架。

## 第 3 次随访评估

在第 16 周，患犬再次复查。X 线片显示愈合很好，有充足的骨痂桥连骨折区域。松开连接夹，触诊骨折处，已经明显的临床愈合。完全拆除外固定支架。之前一段时间，采用激进的分阶段拆除外固定支架的方法，减少了患犬外固定时间。拆除外固定支架后 6 周内，患犬还要严格牵遛。

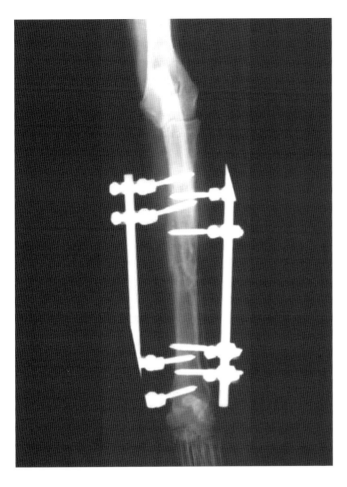
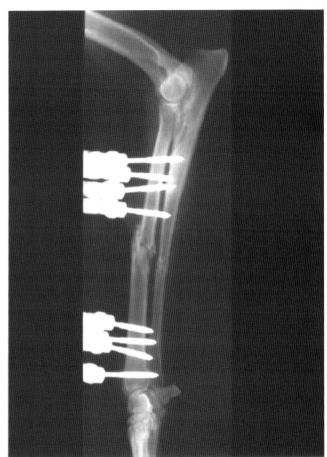
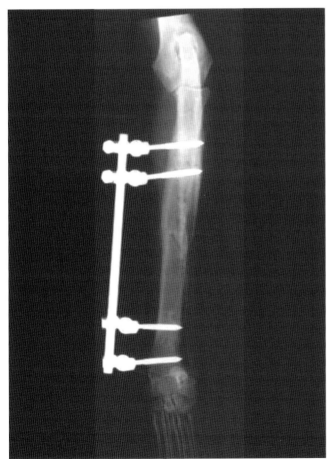
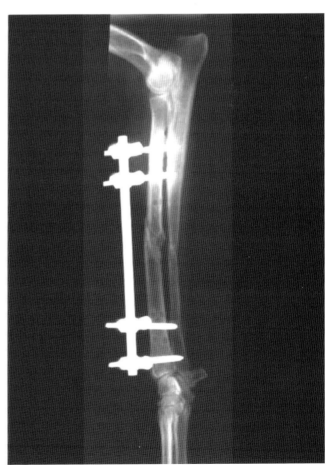

# 病例分析 3

## 临床表现、病史和骨折

金毛寻回猎犬，2 岁，26kg，雌性，已绝育，离家出走 3 天，悬着左前肢回来。首诊兽医诊断为左前肢桡尺骨骨折，并治疗了轻度气胸和中度脱水，也应用罗伯特琼斯绷带固定受伤前肢。就诊时动物状态稳定。左前臂部 X 线片显示桡尺骨远端骨干闭合性短斜骨折，伴中度粉碎性骨折和约 2cm 的骨折重叠。桡骨远端骨碎片长约 5.5cm。桡骨近端骨碎片的远端有骨裂线，并向后内侧移位。

在前后位投照的 X 线片上，肘关节内侧可见一个小的边缘光滑的骨密度阴影。这可能是陈旧性病变，与近期创伤性事故无关。触诊肘关节无疼痛或不稳定，所以认为这个骨性密度的阴影没有临床意义。

## 手术计划

治疗的最佳选择包括骨板固定或桡骨外固定支架固定。中间的骨碎片太小，所以不尝试用环扎钢丝或拉力螺钉固定。由于骨折线倾斜并伴粉碎性骨折，所以不可能实现良好的分担负重。选择的固定技术要实现支撑作用。

## 骨折修复和评估

患犬仰卧，向后牵拉右前肢并保定好，以便提供获得松质骨移植的肱骨近端干骺端通路。通过肢体悬吊技术获得骨折的基本准直。使用"微创"调整骨折准直，同时做松质骨移植。

通过使用 8 根固定针的单侧 – 双面（Ⅰb 型）外固定支架进行骨折修复。使用的材料包括大号 SK 连接夹、碳纤维复合材料连杆和"无尖"（圆头）阳螺纹固定针。强烈建议钻入阳螺纹固定针前应先预钻孔，这在本病例是基本要求，因为这些固定针没有尖。这种固定针的优势在于不会损伤覆盖在远侧骨皮质上的软组织。

在前外侧各放置 1 根近端和远端半针，并与两个单连接夹和连杆连

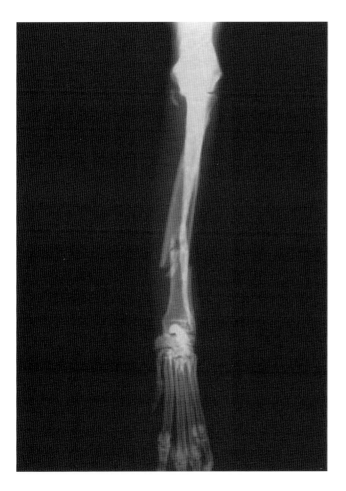
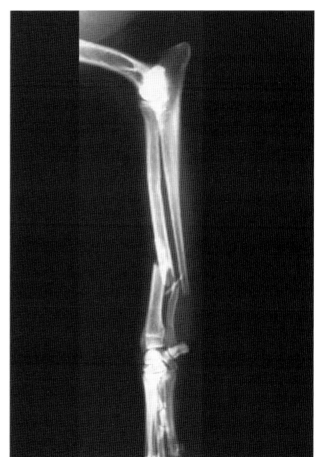
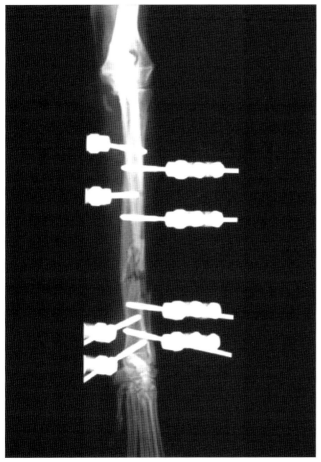
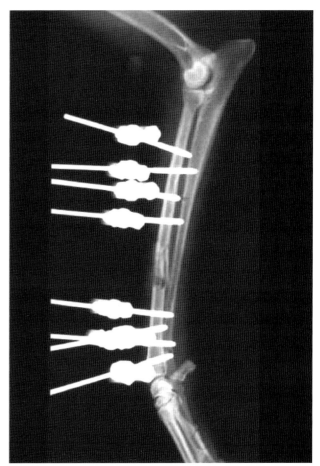

接。调整骨折准直，紧固连接夹维持准直。穿过连杆上的连接夹再放置两根固定针，完成 4 根半针的前外侧支架。再放置一个 4 根半针的前内侧支架，完成 Ib 型外固定支架。闭合创口之前，采集松质骨移植到骨折区域。该双面支架未使用联动杆。

术后拍摄 X 线片，两个投照体位均显示桡尺骨准直良好。在桡骨远端骨碎片上，可见明显的骨裂线（见前后位 X 线片），这在术前 X 线片上并不明显。固定针相对于骨折区以远－近－近－远的方式放置，而且每根固定针距离骨折线都是安全的（见侧位 X 线片）。9.5mm 连杆和每端骨碎片放置 4 根贯穿固定针的双面支架足够提供骨折的稳定性。如果需要额外的支架强度，可以应用联动杆。

## 随访评估

手术 7 周后，患犬复查并拍摄左前臂部 X 线片。患犬一直牵遛，在此期间，患犬左前肢功能逐渐改善。动物主人对外固定支架的包扎工作做得很好，大部分的固定针位置都是清洁干燥的。前外侧支架的近端固定针位置有一些渗出。X 线片显示骨折准直良好，骨折区有早期平滑骨痂的沉积，尤其是沿着桡骨的前侧面，这也是松质骨移植的部位。桡尺骨远端骨碎片未见异常，之前可见的明显骨折线在 X 线片上也不再明显。

以下列方式分阶段拆除外固定支架。拆除前内侧支架的大号 SK 连接夹和碳纤维连杆，用小号 SK 连接夹和钛连杆替换。拆除前外侧支架及其 4 根固定针。这就使大号组件的 Ib 型外固定支架转换为小号组件的 Ia 型外固定支架。这样，该外固定支架的强度比病例 2 第一次拆除后的还要低。

## 第 2 次随访评估

在第 11 周，患犬复查并拍摄 X 线片。左前肢的功能使用明显改善，固定针处清洁干燥。X 线片上可见骨折处平滑的成熟骨痂桥连。松开连接夹，触诊骨折处，已经明显的临床愈合。完全拆除外固定支架。患犬继续用改良的罗伯特琼斯绷带固定 1 周。拆除外固定支架后 6 周内，患犬还要严格牵遛。

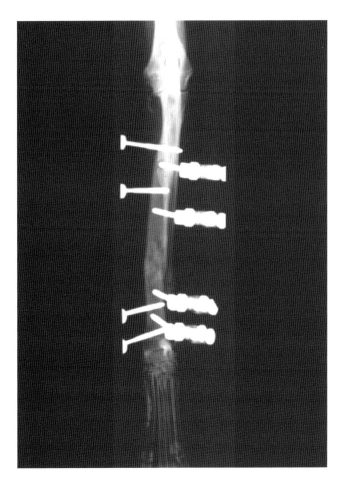
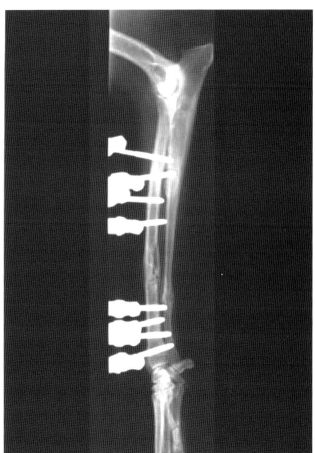
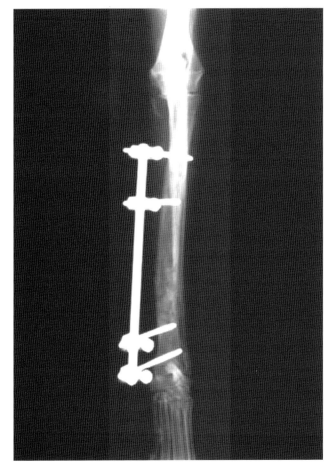
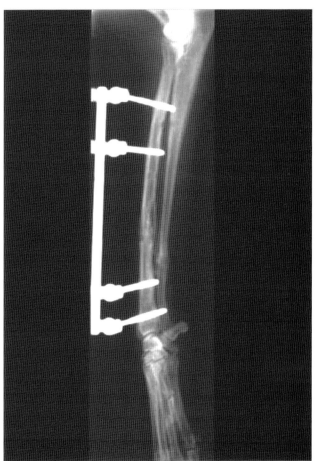

# 病例分析 4

## 临床表现、病史和骨折

金毛寻回猎犬，3 岁，38kg，雄性，在跳过一个门时左前肢陷入门的栅栏中，导致左前肢桡尺骨骨折。临床检查证实仅患肢有异常。骨折为开放性的，桡骨骨折内侧有一个 1cm 大小的创口，影响桡尺骨骨干中段。桡尺骨总体是横骨折，但尺骨有额外的小骨碎片，而且桡骨粉碎性更严重，外侧有一个较大的蝶形骨碎片和几个小骨碎片。

## 手术计划

可以考虑外包扎固定术，但该患犬已成年，骨折愈合相对较慢，铸型相关并发症和骨折疾病的风险是相当大的。桡骨不能使用髓内针有效固定，因其会对邻近关节造成医源性损伤。这类骨折是禁用髓内针固定的，但使用开放性复位和骨板固定是非常合适的；只是，小的骨碎片会妨碍完美的解剖学重建，而且在开放性骨折，骨板固定涉及将植入物放进污染创中的问题。然而，这种病例若骨板应用合适，会产生极好的效果。

应该选用外固定支架固定术，其预后和其他方法一样或者更好；而且，外固定支架有很多优势，包括经济性、技术简便性和应用快速性。

## 骨折修复和评估

骨折采用双侧 – 单面（改良 II 型）外固定支架治疗，内侧使用丙烯酸外固定支架（APEF）。使用肢体悬吊技术对患肢重新调整准直。通过触诊完整皮肤处的骨折碎片，并参考外部解剖学标志，评估骨折复位程度。在近端和远端各放置 1 根全针；再在内侧放置 4 根半针（每端骨碎片各 2 根）。所有固定针都插入桡骨，并且都是阳螺纹固定针。单根不锈钢连杆连接到两根全针的外侧，检查肢体的准直后在所有 6 根内侧固定针上放置软管模具，然后再浇铸丙烯酸。灌洗创口并包扎 5 天，以利 II 期创口愈合；未缝合。

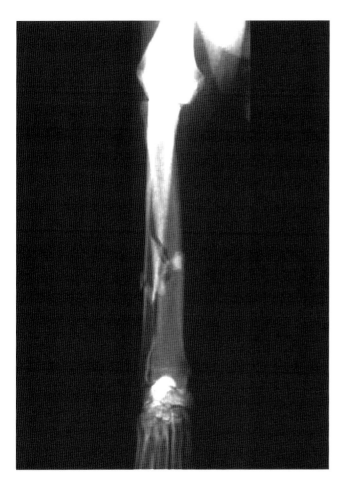
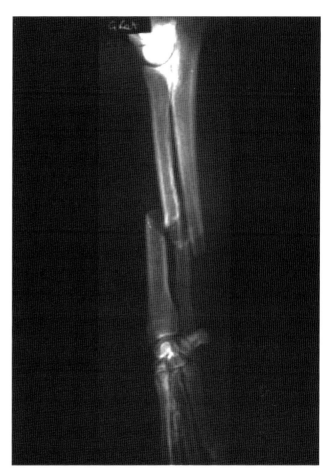
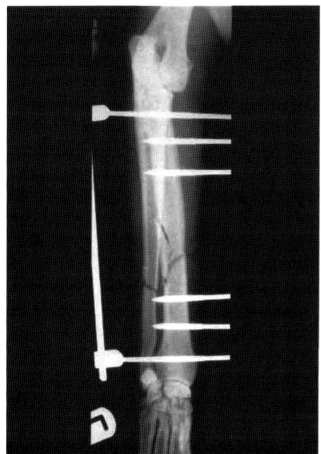
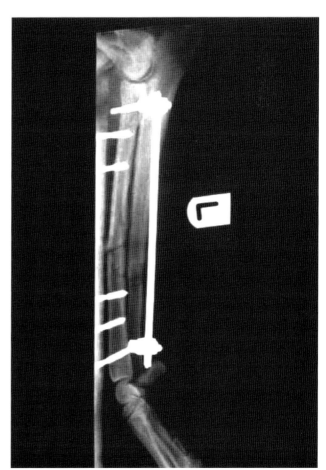

X 线片显示肢体准直良好，小骨碎片近乎完全复位。所有固定针的位置良好，大小也合适。

## 随访评估

术后第 1 天，患犬患肢负重良好。6 周后，患犬仅有轻度跛行。除了近端固定针内侧和外侧有一定程度的炎症及少量的浆液性渗出外，其他固定针处清洁干燥。X 线片显示仅有少量骨痂生成，但骨片间已有新骨生成。没有明显的固定针松动的迹象，尽管近端全针周围可见一定程度的硬化和骨膜反应。此时，分阶段拆除外固定支架；先拆除外侧连接杆与近端和远端全针，剩下 4 根半针的 I 型（单侧，单面）支架。

## 第 2 次随访评估

术后第 10 周，患犬复查。患犬即使自由奔跑，跛行也很轻微。所有固定针位置都清洁干燥。仅拍摄了侧位 X 线片，显示桡尺骨愈合良好。骨痂形成很少，也可见骨重塑的迹象。拆除外固定支架。

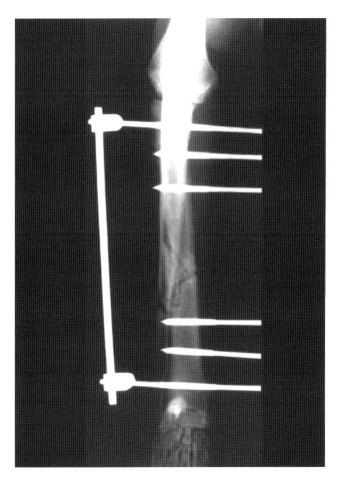
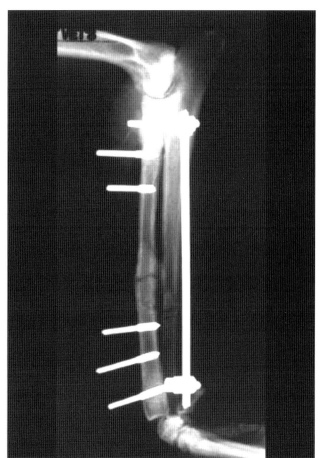
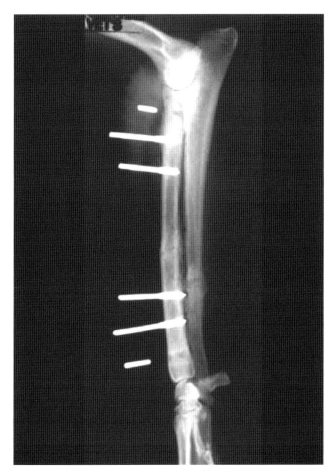

# 病例分析 5

## 临床表现、病史和骨折

德国牧羊犬，9 岁，38kg，就诊前 3h 发生车祸，桡骨为开放性粉碎性骨折，尺骨为节段性骨折。临床检查（包括胸部 X 线检查）证实明显异常仅限于肢体骨折。患犬两年前做过双侧胫骨平台截骨术治疗前十字韧带断裂，之后已完全恢复。骨折为开放性粉碎性骨折，位于桡骨尺骨远端 1/3。可见一个 2cm×3cm 的粉碎性骨碎片和多个小骨碎片。远端骨碎片向外侧移位，重叠约 1cm。

## 手术计划

这种骨折的管理可以选择外包扎固定术，然而本病例是老年犬不稳定的开放性骨折，因此不适合使用铸型或夹板固定。犬的桡骨也不能使用髓内针固定。这种骨折适合骨板固定，但是该桡骨不能解剖重建，只能使用支撑模式的骨板。尽管该病例送诊时仍处于"黄金期"，污染的骨折还未发生感染，但鉴于是开放性骨折，骨板固定不是一种非常理想的方法。如果骨板固定采用合适的技术，并注重细节，则预后良好。这种开放性骨折的最佳治疗方法是外固定支架，可以提供植入物不进入污染骨折部位的稳定固定。

## 骨折修复和评估

采用肢体悬吊技术。对骨折处的小创伤清创，但不需要切开显露骨折，创伤也不需要缝合。在近端，靠近肘关节放置第 1 根螺纹全针；在远端，靠近腕关节放置第 2 根全针。然后将 4 根螺纹半针置于桡骨内侧，每端骨碎片两根。在外侧，用钢制连杆将两根全针连接起来，再次检查肢体准直后，在内侧用 APEF 柱将 6 根半针连接起来。

X 线显示肢体准直良好，但骨折复位略有不足。固定针的放置尚可接受：近端全针太靠近端；其中一个半针放置不佳，仅穿过一侧骨皮质，

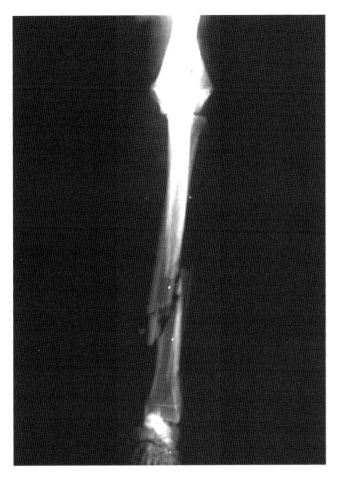
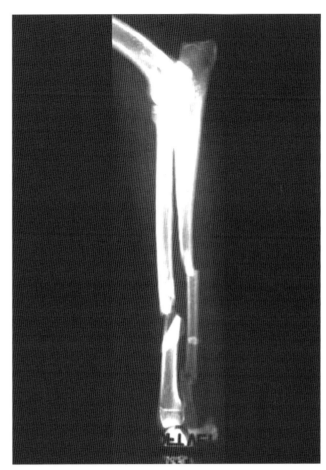
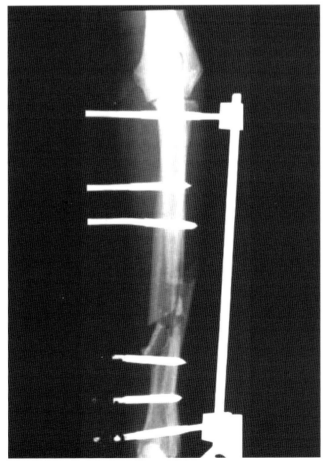
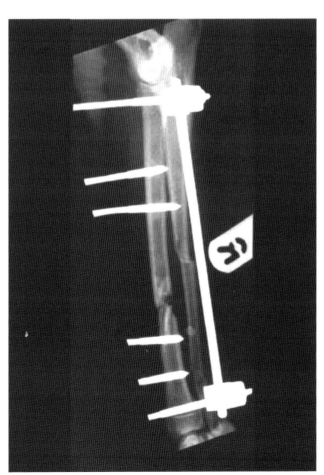

而且对骨折造成影响。这些缺陷还不足以严重到需要重新手术。犬术后当天，患肢似乎能够持续负重。

## 随访评估

6 周后，患犬行走良好，仅有明显的轻度跛行。皮肤创口完全愈合，所有的固定针 – 皮肤界面均清洁干燥。X 线片显示患肢准直和骨折对合未发生改变；外固定支架位置未发生变化，针 – 骨界面完好。骨折正在愈合，骨折处可见中等量桥连骨痂。分阶段拆除外固定支架，先拆除外侧钢制连杆及近端和远端全针（在丙烯酸柱上剪断后，从外侧退出）。

## 第 2 次随访评估

术后 10 周，患犬复查。主诉上次外固定支架部分拆除后两天患犬表现明显跛行，之后跛行逐渐改善，但是此次检查（10 周）明显比上次检查（6 周）时跛行严重。X 线片显示骨折愈合良好及原始骨折处早期重塑，但是在最近端半针放置处可见医源性骨折。此处骨折可见丰富成熟的骨痂，且表现稳定，其他的固定针看起来也很牢固。拆除所有植入物。

跛行在此后约 6 周内缓慢消失。术后 6 个月最终评估时，患犬十分活跃，无跛行现象。

## 讨论

固定针道的骨折是一种不常见的并发症。X 线检查和临床病史提示骨折发生在第 6 周复查时部分拆除外固定支架后两天。尽管这些固定针不是很大，但其尺寸已是上限（骨直径的 30%），这可能是促发骨折的原因。或许，分阶段拆除外固定支架会更明智，如第一次只拆除外侧连接杆。第 2 次随访评估的时候，该病理性骨折几乎愈合良好，患犬临床上极大改善，因此做出了保守治疗的决定。此后动物完全恢复了健康活力，也证实了之前决定的正确性。

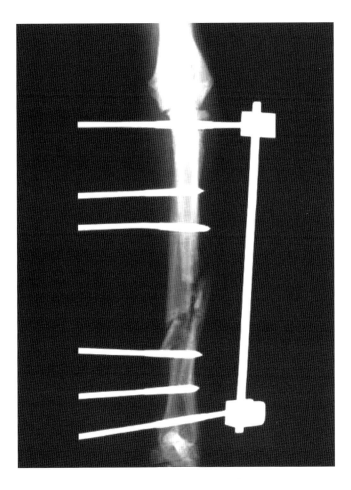
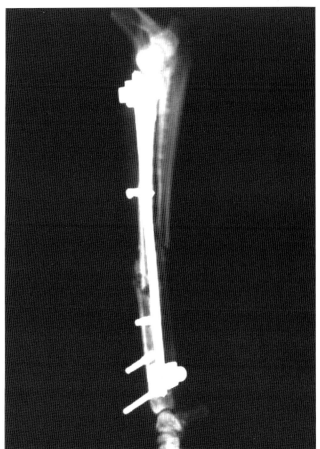
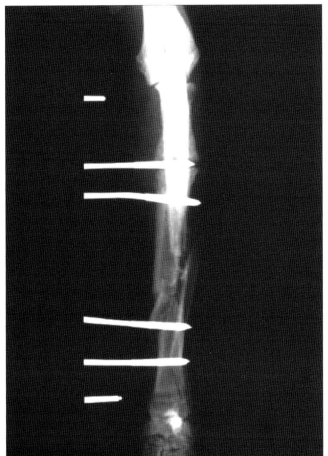
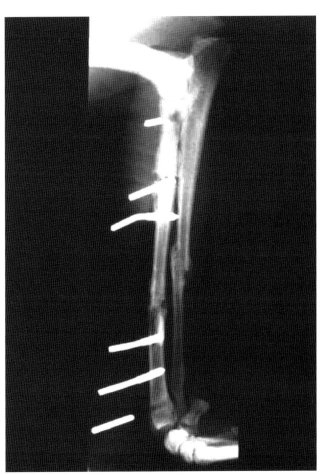

# 病例分析 6

## 临床表现、病史和骨折

德国牧羊犬，5岁，37kg，雌性，未绝育，失踪数小时后右侧桡骨骨折。胸部和腹部 X 线检查正常，左前臂部 X 线片显示桡骨尺骨中段 I 级开放性粉碎性横骨折。桡骨近端可见多条纵向裂纹；桡骨远端轻度移位。创口清创和灌洗后，用皮肤缝线闭合创口。患肢使用罗伯特琼斯绷带包扎固定，暂时稳定骨折并减轻术前肿胀。

## 手术计划

手术在事故后第 1 天进行。不考虑铸型外固定；另外，由于桡骨近端存在骨裂纹，因此也不考虑桡骨骨板内固定。可以考虑采用有限通路的外固定支架。利用桡尺骨近端的骨间韧带稳定桡尺骨近端联合。通过稳定远端桡骨和近端尺骨，足以进行骨折固定。患犬体型大，重 37kg，因为是粉碎性骨折，不能分担负重，只能选择足够力量和强度的支架全部负重。可以考虑采用 II 型（双侧）或 Ib 型（单侧，双面）支架，弥补缺少骨骼的分担负重。

## 骨折修复和评估

骨折修复采用 II 型（双侧）外固定支架。通过肢体悬吊技术和小的手术入路获得骨折基本准直。在鹰嘴和桡骨远端分别放置 1 根全针，并通过连杆连接；调整骨折准直后，紧固连接杆。使用瞄准器在尺骨近端放置 3 根全针，在桡骨远端放置两根全针。

术后 X 线片显示患肢准直良好。桡骨远端骨碎片的最近端固定针可能已经侵入到骨裂线。

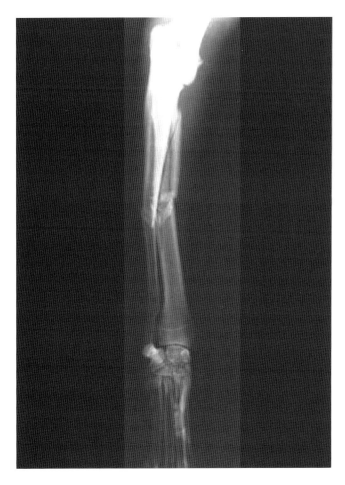
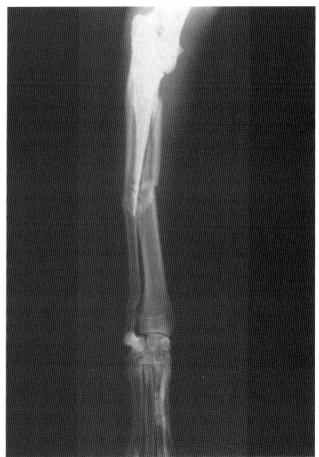
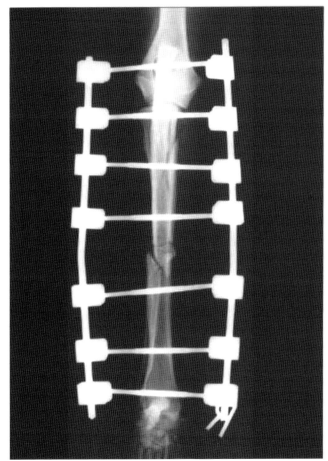
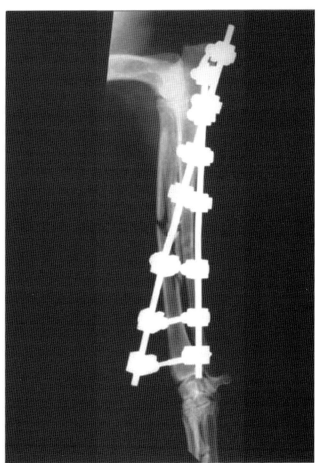

## 随访评估

　　动物主人忽略了建议的第 8 周评估，在第 10 周时带犬复查，拍摄右前臂部 X 线片。患犬正常使用患肢，固定针部位未见并发症。X 线片显示患肢准直和对位维持良好，固定针未松脱，桡骨和尺骨均可见桥连骨痂。拆除外固定支架，3 周内牵遛限制运动。

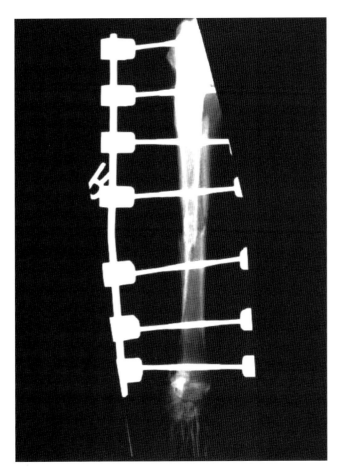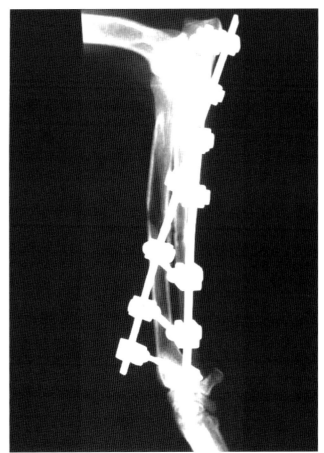

# 病例分析 7

## 临床表现、病史和骨折

金毛寻回猎犬，3岁，45kg，雄性，已去势，因机动车事故导致左侧桡尺骨骨折。胸部X线片可见严重的肺挫伤。左前臂部X线片可见桡尺骨骨干Ⅰ级开放性粉碎性横骨折。桡骨远端骨碎片向前移位，重叠2cm。

## 手术计划

创口清创和灌洗后，用皮肤缝线闭合创口。患肢使用罗伯特琼斯绷带包扎固定，暂时稳定骨折并减轻术前肿胀。手术延迟两天进行，以便肺挫伤消退。不考虑铸型外固定。手术修复可选择单纯桡骨骨板内固定或联合尺骨髓内针内固定。中间骨碎片太小，不能尝试环扎钢丝或拉力螺钉固定。应考虑使用有限通路的外固定支架。患犬体型大，重45kg，因为是粉碎性骨折，不能分担负重，只能选择足够力量和强度的支架全部负重。可以考虑采用Ⅱ型（双侧）或Ⅰb型（单侧，双面）支架，弥补缺少骨骼的分担负重。

## 骨折修复和评估

骨折修复采用Ⅱ型（双侧）外固定支架。通过肢体悬吊技术和小的手术入路获得骨折基本准直。放置1根近端和1根远端全针，通过连杆连接。轻微调整骨折准直后，拧紧连接夹维持准直。使用瞄准器在近端骨碎片再放置3根全针，在远端骨碎片再放置两根全针。

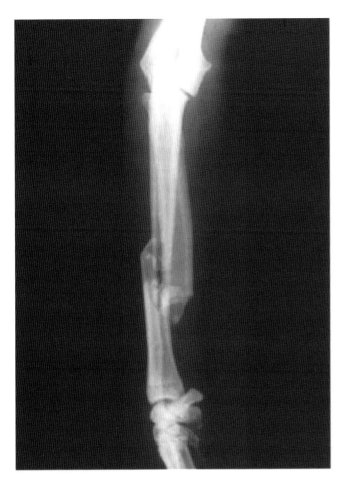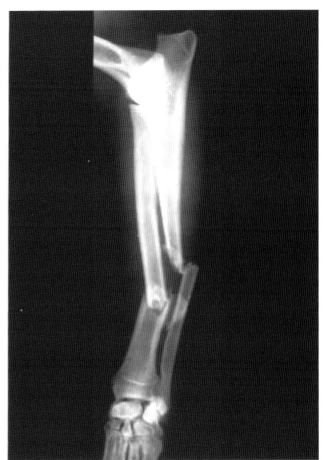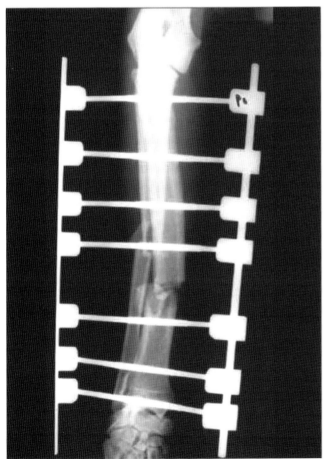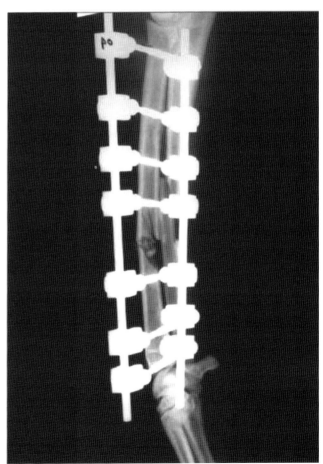

术后 X 线片显示 5° 的外侧成角失准直。最近端固定针已引起桡骨前侧皮质骨折。远端的固定针非常靠近桡腕关节。

## 随访评估

术后 6 周，患犬复查，并拍摄左前臂部 X 线片。患犬正常使用患肢。固定针处无并发症。X 线片显示骨准直和对合维持良好。最近端固定针松动。尽管桡骨后侧皮质有缺损，但骨折处已桥连，并有少量骨痂。拆除近端固定针，并通过移除外侧连接杆和缩短固定针，将双侧外固定支架转换成单侧外固定支架。

## 第 2 次随访评估

术后 9 周，患犬再次复查，并拍摄 X 线片。自从上次复查后，患肢功能维持正常。X 线片显示桡骨骨折进行性愈合和尺骨骨折桥连骨痂。桡骨骨折后侧缺损仍然存在。拆除外固定支架，3 周内牵遛限制活动。

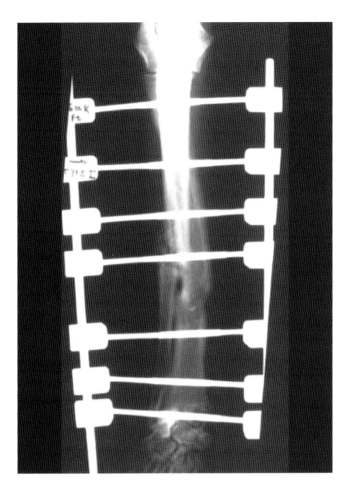

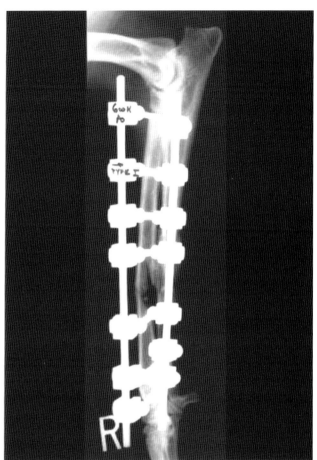

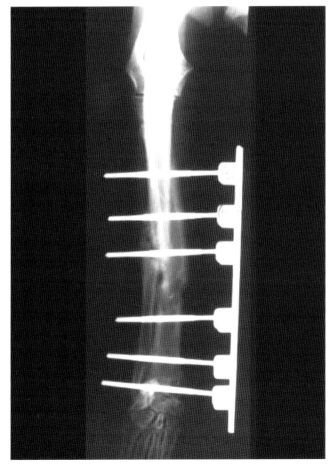

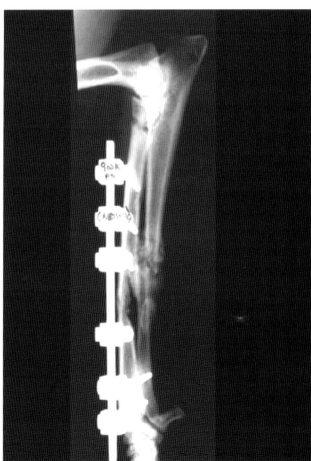

129

# 病例分析 8

## 临床表现、病史和骨折

松狮犬，18月龄，20kg，雄性，未去势，右前臂部出现创伤。患犬前一天晚上与另一只狗打架，次日清晨出现不负重跛行。体格检查见被毛上有中等量的干燥血迹，右前臂部有穿刺伤。X线片显示桡尺骨中段粉碎性骨折，骨折远端向后移位，骨断端重叠1cm。沿着近端骨碎片有数个小的粉碎性骨碎片和骨裂。术前前后位X线片上，可见肘关节侧位观和肢体远端前后位观，所以骨折非常不稳定。X线片上未见软组织内气体征象。

## 手术计划

尽管X线片上没有开放性骨折的征象，但非常可能就是开放性骨折。这需要特别注意和从速处理，包括剃毛、清洗、探查、清创和灌洗。不考虑铸型外包扎固定。桡骨骨折通常不考虑使用髓内针和钢丝固定，尤其是这种骨折。可以考虑骨板固定，但有可能因放置骨板而将潜在受感染的区域扩散。外固定支架是理想的固定方法。有限通路的复位可同时骨折探查、清创和灌洗，也助于保证骨折准直。应选择II型（双侧）、Ib型（单侧、双面）或III型（多面）支架；对于这种程度的粉碎性骨折，分担负重有限，要选择强度更大的外固定支架。另外，如果骨折疑似感染，应保持创口开放，用湿－干绷带治疗，经二期愈合。

## 骨折修复和评估

该骨折使用II型（双侧）外固定支架修复。通过肢体悬吊技术使肢体复位。在骨折区域切开较小的手术通路，清除该区域的坏死组织和血凝块。然后对创口进行彻底灌洗。在桡骨近端和远端各放置1根直径3.2mm阳螺纹全针。连接上连杆，骨折复位。在可视情况下操作，保证骨折充分地复位。添加数个连续的2.4mm阳螺纹全针。之所以使用较

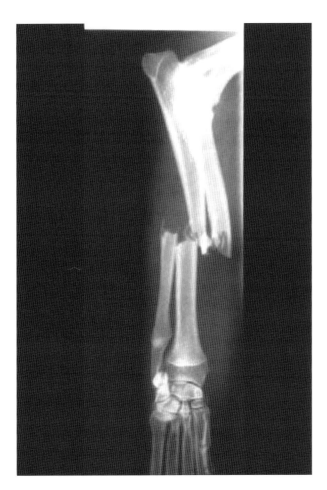
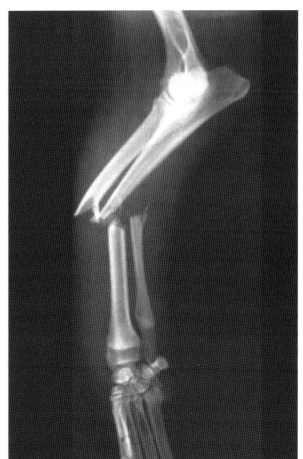
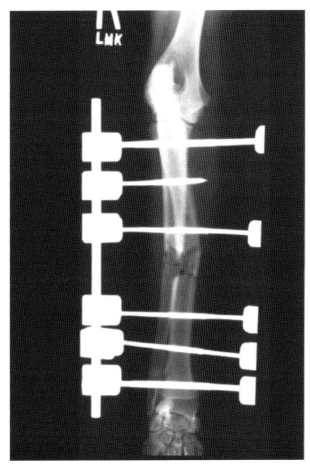
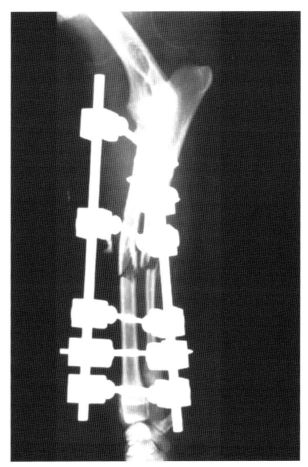

小的固定针，是因为患犬桡骨很小，从侧位 X 线片上看 3.2mm 会大于骨骺直径的 20%。1 根 3.2mm 全针也不能充分衔接桡骨，所以又在近端骨碎片上放置了第 2 根半针，连接到了对侧连杆上。

虽然在 X 线片上骨折处似乎稍微向内侧弯曲，但骨折的准直是足够的。骨断端也是充分对合的。固定针靠近桡骨断端和骨折位置，但又不侵入骨折。对于这种体重的犬，刚度足够。污染程度不严重，直接闭合创口。术后第 1 天，患犬出院，告知主人外固定支架的护理事项及如何使用抗生素（头孢氨苄）。

## 随访评估

患犬术后 1 周即可走动。术后 6 周时，X 线片显示骨断端的准直和对合未出现变化。外固定支架的位置也未改变，X 线片上无固定针松动征象。两个投照体位均可见骨折桥连。拆除外固定支架。

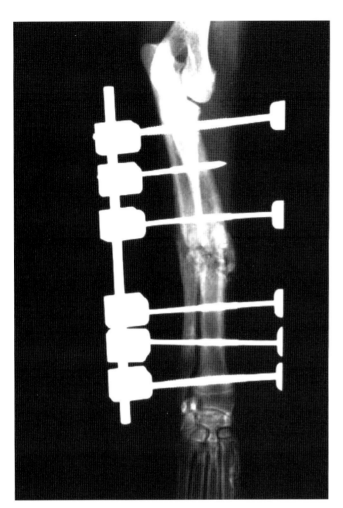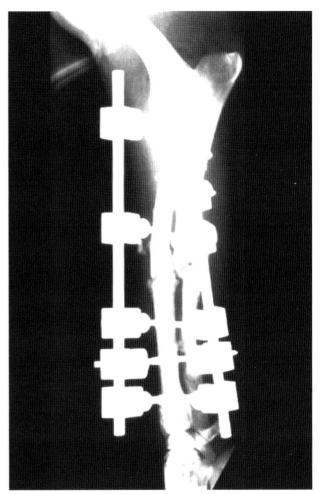

# 病例分析 9

## 临床表现、病史和骨折

哈士奇犬，6岁，35kg，雄性，未去势，与另一只大型犬打架造成右侧桡尺骨骨折。就诊时，右前臂部有数个穿刺伤。患犬状况稳定。X线片显示前臂部筋膜面内有气体和弥散性肿胀。该骨折是桡骨中段开放性横骨折，向后和内侧移位，骨断端重叠1cm。

## 手术计划

咬伤需要特殊治疗和应对。动物一旦稳定，创伤就应剃毛和清创。在许多病例，创伤应尽快手术探查、清创、灌洗和固定。对于大多数咬伤，会有较大范围的软组织损伤和骨折，以及细菌进入创腔内。延迟治疗会导致细菌在组织和骨骼内定植。与咬伤和枪伤相关的骨折最好使用外固定支架治疗。暴露范围较小，也可避免植入物进入污染区。禁用铸型外固定包扎或髓内针。如果组织有足够活力，可考虑使用骨板。但骨板固定和放入植入物所需要的组织暴露可能会增加感染的风险。

患犬体型大，重35kg。该骨折为横骨折，如果桡骨近端骨碎片的骨裂不会向上延伸，应该可以分担负重。应考虑使用双侧（Ⅱ型）支架，每端使用3根全针，或单侧、双面（Ⅰb型）支架，每端使用4~6根半针。双侧外固定支架可以更少的固定针提供足够的刚度。在已知软组织污染和破坏的情况下，这可能会降低并发症的发病率。

## 骨折修复和评估

该骨折使用双侧（Ⅱ型）外固定支架修复。通过肢体悬吊技术使患肢复位。骨折区域做一7cm长切口，探查软组织损伤，清创和灌洗，并在可视情况下进行骨折复位。有轻度的组织创伤。仅需要最低程度的清创，使用数升的生理盐水充分灌洗。在桡骨近端和远端放置全针，复位骨折。放置连接杆。手术计划是在桡骨近、远端各放置3根全针。

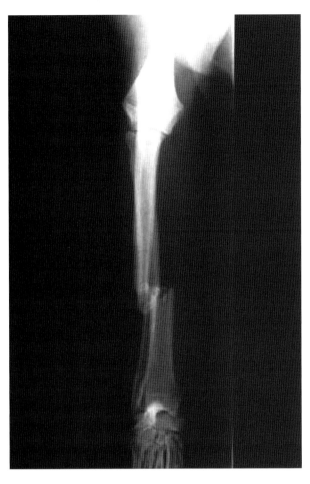
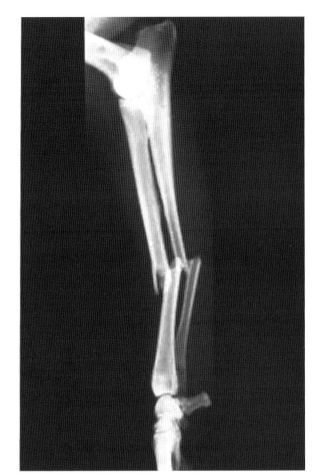
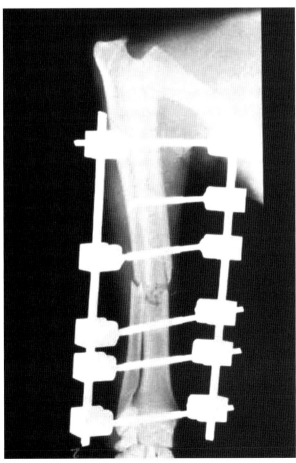
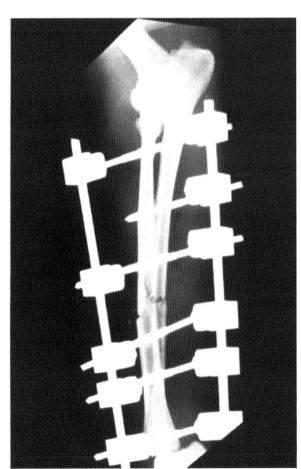

尽管使用了可帮助在骨折不同方向放置全针的瞄准器（第6章），但第2根固定针未能用上全针，只能是半针。对创口进行细菌培养，患犬使用抗生素治疗3周。

术后X线片显示骨折准直和对合良好。这种外固定支架对该体型犬具有足够的刚度，可能造成应力保护。第1根固定针的放置是可疑的。在该区域桡骨是长方形的，尽管内外侧宽度足够，但正如该病例一样，前后径是窄的。固定针需要斜向调整，以获得足够的骨抓取力而不损害骨骼结构。

## 随访评估

术后6周，患犬复查并拍摄X线片。患犬行走时中度跛行，站立或坐下时偶尔会抬起患肢。在近端第3根固定针内侧有少量分泌物。X线片显示骨痂形成良好，已桥连骨折部位，但是骨痂密度不够。在内侧骨皮质第1根固定针周围有低密度区。在内侧骨皮质第3根固定针周围也怀疑有低密度区。但因为患犬一直使用肢体，且X线片上有桥连骨痂，所以没有拆除外固定支架，给骨折更多的时间愈合。如果X线片上没有桥连骨痂或者患犬不使用患肢，提示骨折不稳定；骨折不稳定时，要拆除第1根和第3根固定针。

## 第2次随访评估

术后9周，患犬复查。患犬行走良好，但是在奔跑时会抬起患肢。近端第3根固定针内侧仍有少量分泌物。X线片显示第1和第3根固定针周围有低密度区，但有趣的是，第2根没有。在内外侧位和前后位X线片上，均可见骨折周围平滑的桥连骨痂。拆除外固定支架，之后3周患内牵遛限制活动。

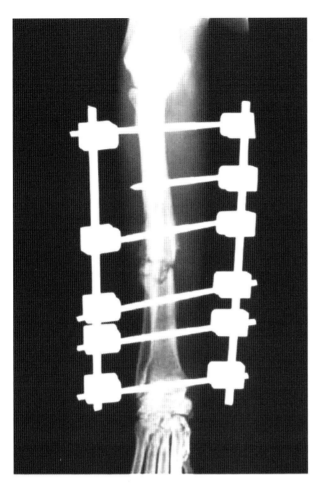
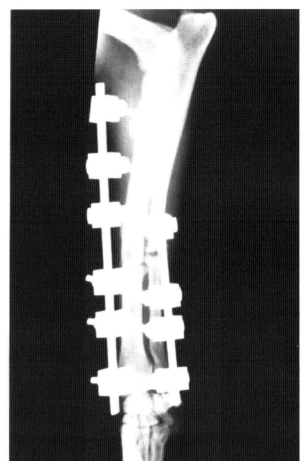
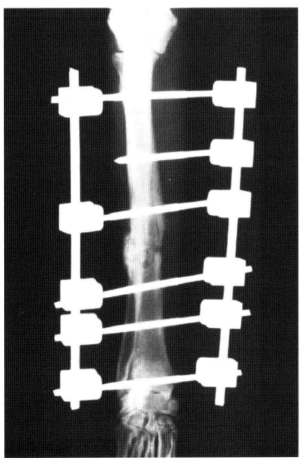
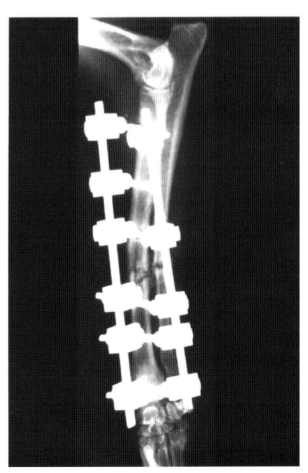

# 病例分析 10

## 临床表现、病史和骨折

德国牧羊犬，4岁，48kg，因机动车事故发生右侧桡尺骨骨折。胸部X线片未见明显异常。该骨折为桡骨骨干远端1/4闭合性横骨折至短斜骨折，向后内侧移位，骨断端重叠1cm。内侧有一源于近端骨干的较大骨碎片。

## 手术计划

术前对患肢使用罗伯特琼斯绷带包扎，暂时稳定骨折和减少肿胀。手术修复可选择骨板。可使用直骨板或T型骨板，但是较小的远端骨碎片和较大的游离骨碎片使得螺钉放置困难。不建议使用髓内针和环扎钢丝固定。可考虑使用外固定支架，做一较小的皮肤切开或不切开。

患犬体型较大，重48kg。尽管是横骨折，但是较大的骨碎片不能承受大量的分担负重，且轴向负重会导致骨折线出现切变。骨折远端碎片较小，最多容下两根全针，或在双面支架中最多4根半针。可考虑使用远端放置两根全针的双侧外固定支架或远端放置四根半针的单侧双面外固定支架。但是，如果需要外固定支架完全支撑肢体，那该患犬的体重是这种支架承重的上限。也可考虑使用多面结构的外固定支架。

## 骨折修复和评估

骨折使用双侧（Ⅱ型）外固定支架修复。通过肢体悬吊技术使肢体复位；做一较小的手术通路，确保骨碎片对合。近端和远端各放置1根全针，对骨折进行复位。拧紧螺栓，放置其余固定针。在近端骨碎片，靠近骨折处放置1根全针，然后在其与近端固定针的中间再放置1根全针。在远端骨碎片，再放置1根全针，不要侵犯骨折。

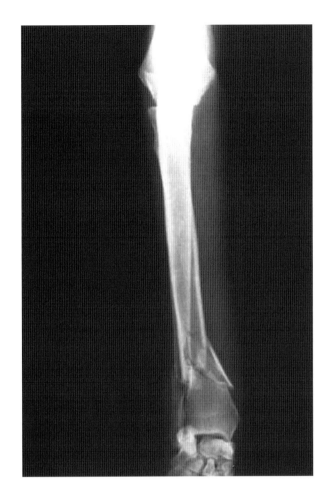
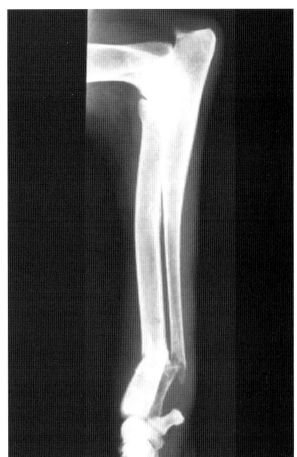
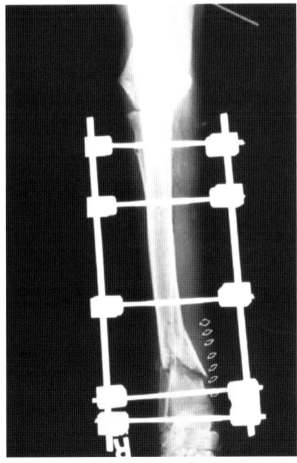
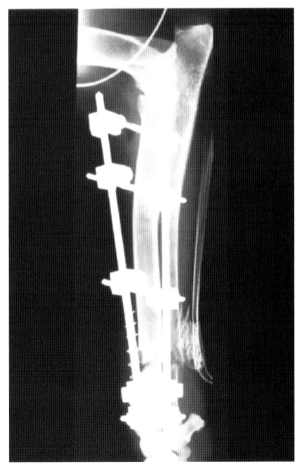

术后 X 线片显示肢体准直良好。因较大骨碎片没有对合，骨折之间仍存在间隙。外固定支架应用合适，但如果需要肢体完全负重，仍需注意仅两根远端全针的刚度是否足够。

## 随访评估

术后 6 周，患犬复查并拍摄 X 线片。患犬一直良好地使用患肢，仅有轻度跛行。固定针处清洁干燥。X 线片显示中等量桥连骨痂和早期塑形。此时，拆除内侧连接杆，该外固定支架变成单侧支架。之前外固定支架的刚度不足以患肢负重，另外，4.8mm 连杆的单侧外固定支架的刚度也是非常低的，所以将支架转换为单侧是一个值得怀疑的选择。牵遛，给予骨折更多愈合时间。

## 第 2 次随访评估

术后 9 周，患犬复查并拍摄 X 线片。患犬一直使用患肢，无明显跛行。固定针处没有分泌物。X 线片显示骨折愈合良好，骨折线所有面均有桥连骨痂。拆除外固定支架。

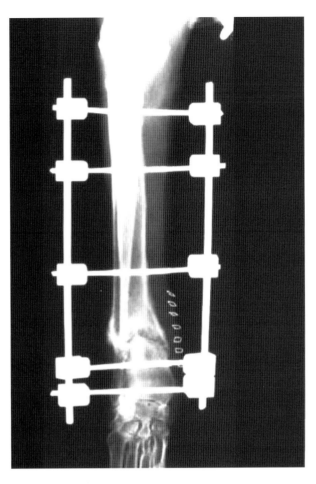
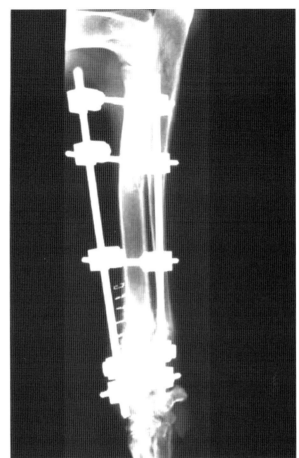
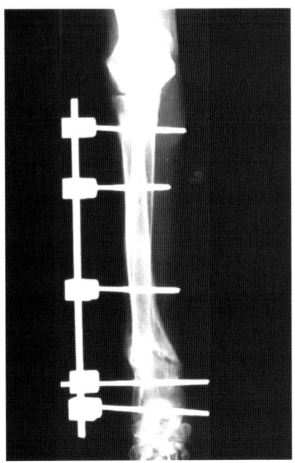
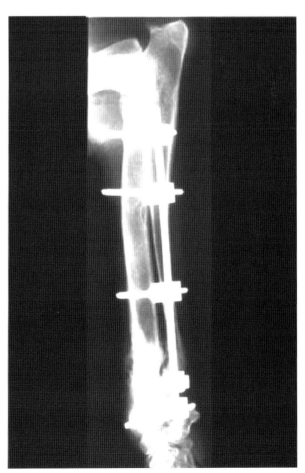

胫骨

# 病例分析 1

## 临床表现、病史和骨折

灵缇，7岁，30kg，雌性，已绝育，在离开主人不到1h发生了开放性骨折。对患犬进行休克治疗并包扎患肢，然后送到外科医院就诊。就诊时，患犬状态稳定。除了广泛的软组织创伤以外，肢体远端出血，内侧和外侧趾触诊疼痛。诊断为Ⅲ级开放性节段性胫骨粉碎性骨折。近端的骨折为短斜骨折，有数个粉碎性骨碎片，向后移位，重叠约1cm。这处骨折不是开放性的。远端的骨折为横骨折，有数个粉碎性骨碎片和部分骨碎片缺失。这处骨折是开放性的，有大量软组织丢失，在节段骨和远端骨干有数厘米的骨暴露。

## 手术计划

这个骨折病例是外科急诊，因为这是Ⅲ级开放性骨折，伴有广泛的骨暴露和软组织缺失。动物稳定后，就需要对创口清创和骨折固定。这种类型的骨折不能使用铸型、髓内针和钢丝或骨板固定。应使用外固定支架。由于存在节段性骨折，外固定支架必须跨越很大的骨折间隙，但纵向骨裂的存在可能不适用固定针。足够数量的固定针必须使相对较小的近端和远端骨骺定位良好。而且，外固定支架必须足够坚固以便负重，并能维持长时间稳定，因为可能会发生延迟愈合。对于30kg的犬，应选择Ⅲ型（双侧，双面）支架。近端骨碎片的复位选择闭合性复位，保护此处骨折和肢体的血液供应，防止污染扩散。缺失的软组织使远端骨碎片的复位可视化，但也使大面积骨暴露区的活性保存更加困难。

## 骨折修复和评估

一旦患犬足够稳定可以实施麻醉，要对患肢施行紧急手术。创口清创并充分灌洗。肢体悬吊后，放置近端和远端阳螺纹全针。近端骨骺放置第2根全针时失败。在节段骨上放置两根全针，这两根中的最远端固

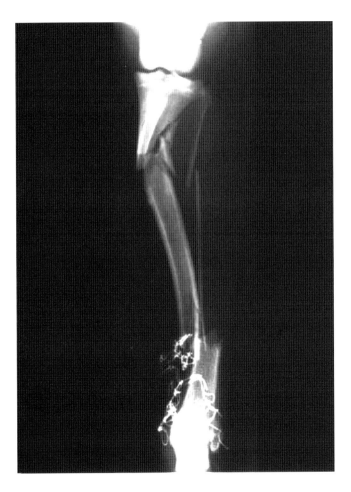
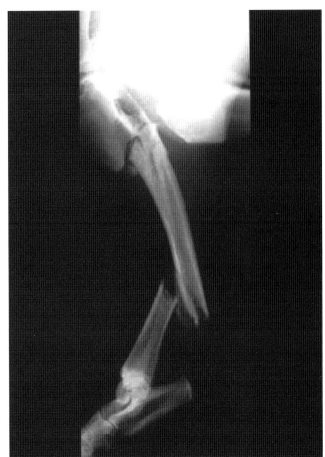
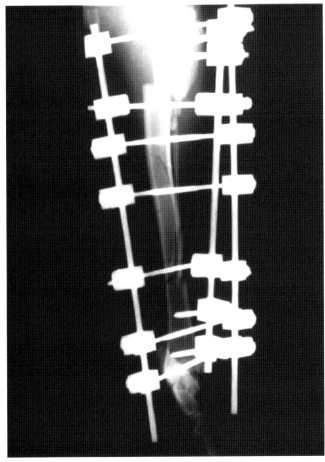
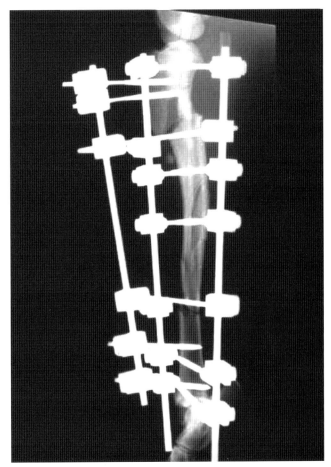

定针是直视放置的，以避开骨裂。在胫骨前侧，近端和远端骨骺各放置 1 根阳螺纹半针，用连杆连接起来。第三根连杆在近端和远端骨折区域连接到前两个成角的连接杆上。软组织覆盖住大部分暴露的骨折，但胫骨内侧 2cm×5cm 暴露区用湿干绷带包扎。

除了近端骨碎片向后内侧轻微移位以外，肢体和骨折的准直尚可。节段骨的固定针和远端固定针之间有很长的距离，主要是考虑到这 2 根固定针会扩大邻近的骨裂。

## 随访评估

创口用湿干绷带包扎，生成肉芽组织后，换用非黏性绷带。肉芽组织 2cm×2cm，有适量渗出。术后 4 周左右，患犬开始良好地使用患肢。术后 12 周拍摄的 X 线片显示肢体准直和骨折对合保持良好。外固定支架是稳定的，仅最近端的全针有早期松动。在远端骨碎片可见死骨片。此时，对患犬进行二次手术取出死骨片，并且对患区清创和培养。死骨片的缺损用松质骨移植填充。

## 第 2 次随访评估

术后 17 周拍摄 X 线片。患肢使用一直很好，创口已经收缩并覆盖上皮组织。之前死骨片的位置已经没有渗出。近端固定针处还有渗出，主要在外侧面。X 线片显示骨的准直和对合一直维持良好。外固定支架稳定，尽管最近端全针松动。骨折已愈合，没有骨髓炎的迹象。拆除外固定支架。

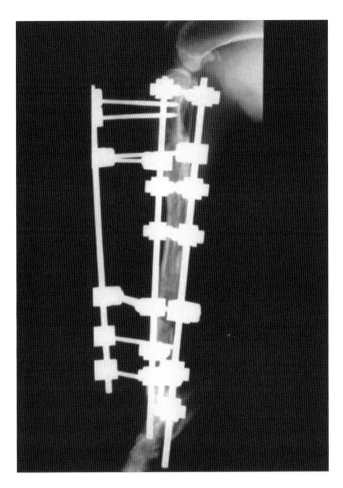
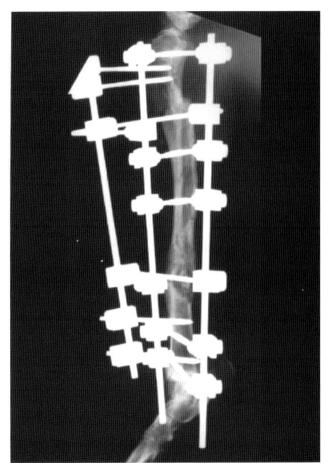
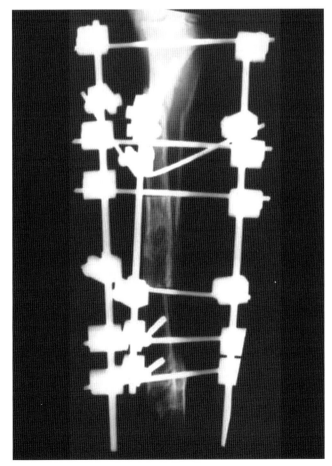
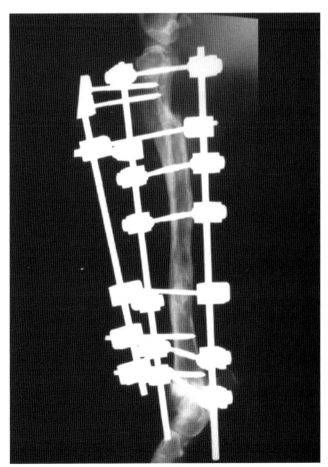

# 病例分析 2

## 临床表现、病史和骨折

拳师犬，3 岁，21kg，雌性，在一起车祸中发生了右侧胫骨骨折。对患犬进行休克治疗并用罗伯特琼斯绷带包扎患肢。骨折位于胫骨近端，为短斜骨折，可见两个或更多的小骨碎片。骨折向外侧和后侧移位，重叠约 1cm。

## 手术计划

骨折位于胫骨近端，罗伯特琼斯绷带没有足够的强度固定膝关节。不建议使用铸型外固定包扎，因其十分接近膝关节，无法提供转动稳定性。骨折的倾斜度也不允许使用全环钢丝，小的骨碎片使复位更加复杂。骨折位于近端，使用髓内针无法抵抗角向力。因为胫骨近端有足够空间放置螺钉，所以可以考虑采取开放性复位用骨板和螺钉内固定。尽管胫骨近端骨碎片较小、放置固定针较难，也可考虑使用外固定支架。可以选择Ⅱ型（双侧）、Ⅰb型（单侧、双面）和Ⅲ型（双侧，多面）支架。由于骨折相对简单，可以考虑有限通路来复位，并分担负重。如果小骨碎片阻碍分担负重，则需要使用全部负重的外固定支架。

## 骨折修复和评估

使用肢体悬吊技术和有限通路修复骨折。骨折复位后，用交叉克氏针固定骨折。在胫骨远端干骺端和胫骨近端分别放置 1 根阳螺纹固定针。再在远端骨碎片和近端骨碎片分别放置两根和 1 根阳螺纹全针，注意不要侵犯骨折断端。近端两根全针十分接近，无法对抗前后侧的弯曲力，因此考虑将Ⅱ型外固定支架换为Ⅲ型。在近端骨碎片增加一个成角连接杆，从前侧放置一个阳螺纹半针。

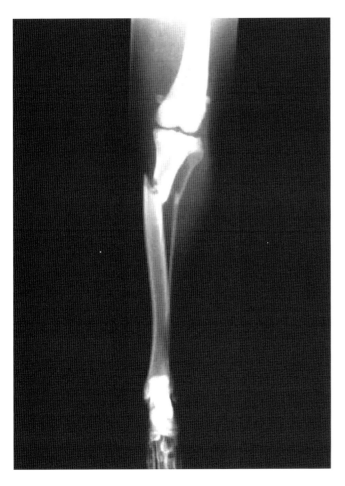
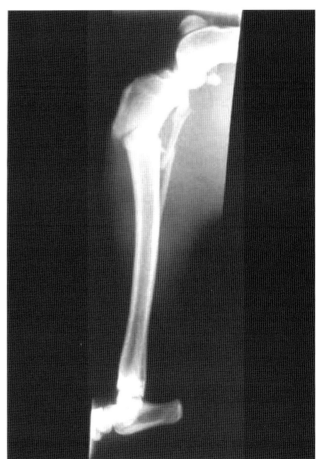
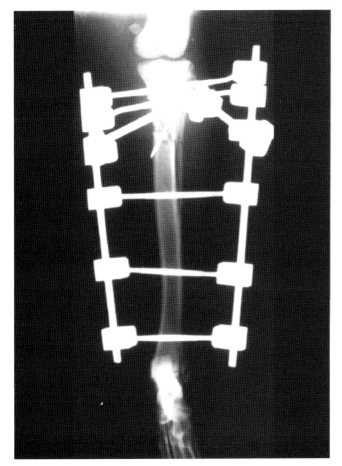
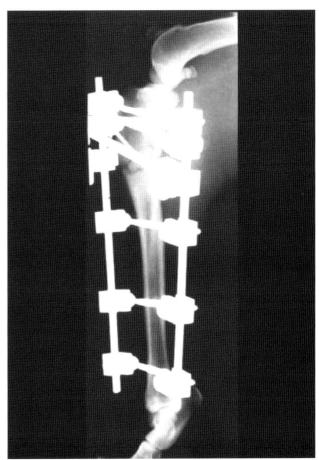

骨折复位和准直良好，尽管向后移位 2~3mm。克氏针比较稳定，因此将其保留；尽管，实际上它是需要取出的。

## 随访评估

术后第 10 周，患犬复查。术后不久，动物患肢使用良好，之后也未出现并发症，直到第 9 周时（第 6 周未复查）才出现异常。第 9 周时，近端固定针处出现脓性分泌物，渗出量逐渐增加，且跛行越来越严重。X 线片显示骨折准直和对合维持良好，骨折已经愈合。近端 3 根固定针松动。拆除外固定支架，患肢用柔软垫料绷带包扎 7 天。

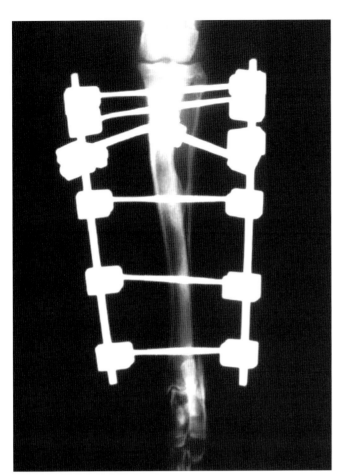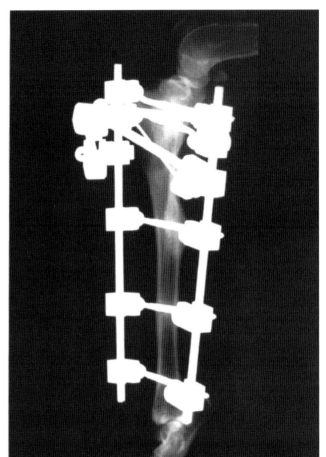

# 病例分析 3

## 临床表现、病史和骨折

　　魏玛犬，7岁，45kg，雄性，在一次车祸中发生左侧胫腓骨闭合性骨折。损伤仅限于骨折患肢，X线片显示胫骨骨干中段至远端1/3长螺旋骨折，且骨折线外存在许多纵向骨裂。骨折向外侧移位，约重叠2cm。

## 手术计划

　　这种骨折的治疗可以考虑外固定包扎；然而，长螺旋骨折不能通过铸型外固定有效制动，而且成年犬的骨折愈合较慢，所以本病例存在畸形愈合、延期愈合、铸型并发症和骨折疾病的高风险。如果能够重建骨的管状结构，使用髓内针或交锁髓内钉和环扎钢丝是很好的手术选择。然而，对于这种大型犬，使用髓内针和环扎钢丝可能达不到足够的固定强度。开放性复位、骨板与螺钉内固定是一种合理的手术选择，此时必须使用长厚骨板，并在修复前使用拉力螺钉。由于胫骨远端健康骨相对较短，且存在延伸的骨裂，因此为放置螺钉提出技术挑战。外固定支架也是一种手术选择，尽管远端较小的骨碎片和许多骨裂使固定复杂化。

## 骨折修复和评估

　　使用肢体悬吊技术。通过内侧有限皮肤切口暴露骨折，复位后用3根克氏针进行固定。使用多个环扎钢丝环绕长螺旋骨折固定，控制骨裂扩展，并通过重建胫骨解剖为骨折修复提供机械支持。使用外固定支架中和环扎钢丝修复骨折的机械应力。闭合切口后，放置4根粗的阳螺纹固定针：近端两根半针，远端两根全针。为了尽量减少贯穿胫骨近端外侧肌肉引发的软组织损伤，近端固定针在胫骨内侧放置。浇灌两个APEF柱，一个在胫骨内侧连接所有的4根固定针；第二个连接胫骨内侧的两根半针，然后从胫骨前侧斜行经过，固定外侧的两根全针。术后

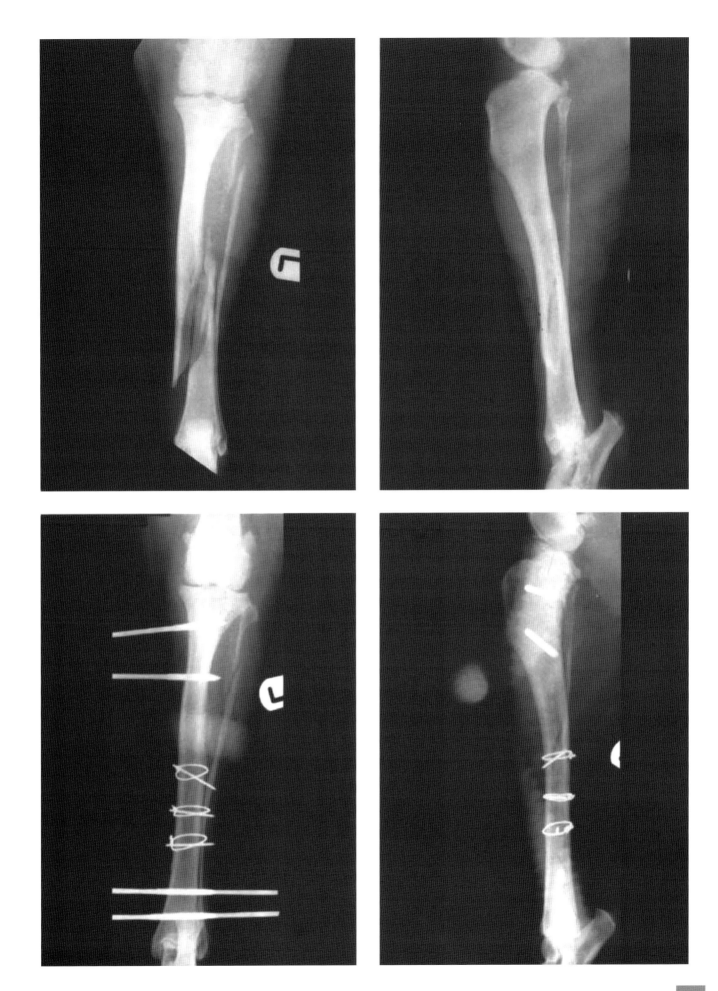

X 线片显示骨折复位良好，所有植入物位置恰当。手术后第 1 天患犬可用患肢负重。

## 随访评估

5 周后，患犬已经能够完全正常行走和负重。术后不久，主人便难以控制患犬，从此自由运动。所有固定针处清洁干燥。X 线片显示骨折愈合良好，且骨痂生成很少。3 根克氏针中的两根丢失，动物主人未曾注意到。拆除第两个丙烯酸柱（绕过胫骨前侧连接近端内侧固定针和远端外侧固定针）的中间部分，分阶段拆除外固定支架；剩余部分实际上是单侧单面（Ⅰ型）支架。

## 第 2 次随访评估

术后 8 周，患犬复查。患肢轻度不适，近端固定针处少量浆液性渗出。X 线片显示骨折愈合进一步发展，近端固定针周围出现透射线区，提示固定针松脱。拆除剩余部分的外固定支架。

患犬很快恢复了完全运动能力。

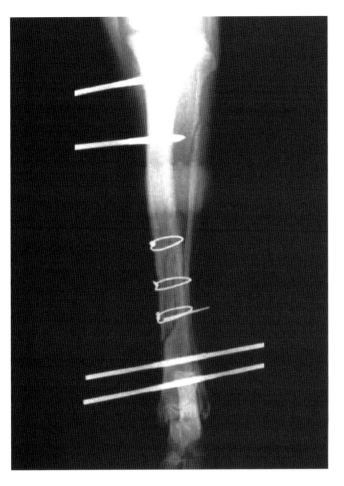
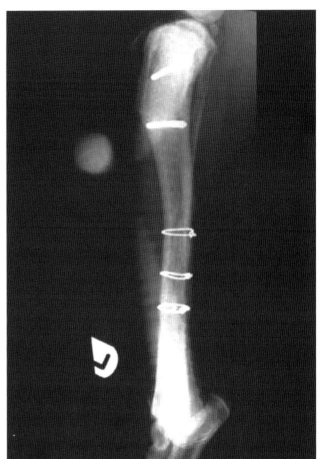
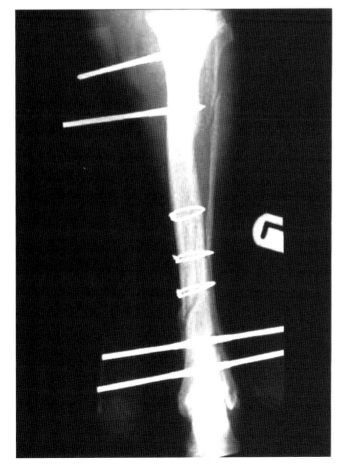
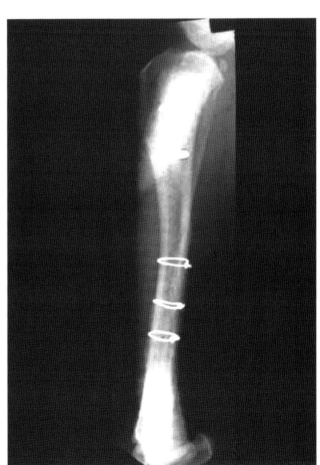

# 病例分析 4

## 临床表现、病史和骨折

德国牧羊犬，2岁，30kg，雌性，车祸导致右侧胫骨骨折。肇事车辆车速80km/h。对患犬进行休克治疗，并用罗伯特琼斯绷带包扎患肢。胸部X线片显示轻度气胸。骨折为胫骨干中段粉碎性骨折，向前内侧移位，骨断端重叠2cm。侧位X线片可见一条4cm的骨裂延伸至近端骨碎片。

## 手术计划

轻度气胸未引起呼吸功能损害。但是，气胸可能随时间恶化或在创伤1~2天内出现X线检查可见的肺挫伤。术前1天应对胸部进行X线复查。骨折铸型固定可能造成骨折断端重叠与骨裂扩大。可尝试使用髓内针和钢丝环扎术；但是粉碎性骨折无法获得旋转稳定性。也可尝试开放复位和骨板与螺钉内固定术，但是粉碎性骨折使难度加大，且纵向骨裂缝使内侧骨板的骨螺钉放置复杂化。使用外固定支架稳定该骨折是明智的选择。有限通路即可使骨折充分复位，也能保证固定针避开近端骨干的骨裂。应选择具有足够强度和刚度的II型（双侧）或Ib型（单侧，双面）支架，提供全部负重。

## 骨折修复和评估

使用II型（双侧）支架修复骨折。股骨内侧做7cm切口，暴露骨裂。使用肢体悬吊技术并借用持骨钳操作，使骨折复位。在靠近胫骨两端的近端和远端，分别放置1根阳螺纹全针，并用连杆连接。使用瞄准器放置其余全针。手术中避开骨裂。

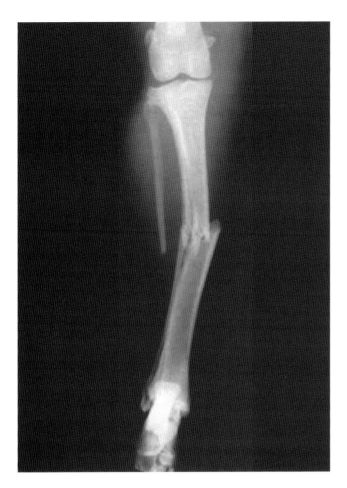
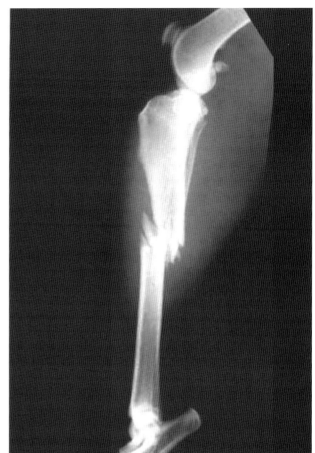
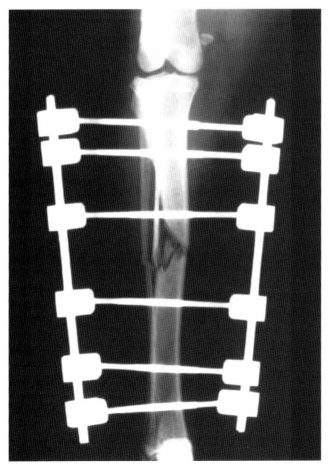
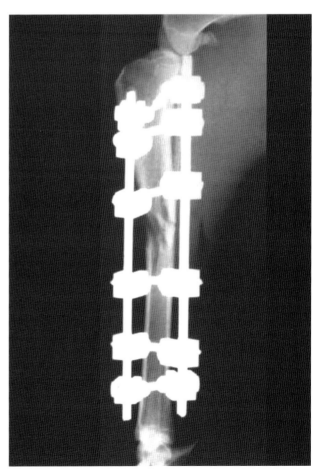

骨折准直良好；骨折对合良好，尽管骨折处存在粉碎性骨碎片移位。固定针距离关节和骨折的位置都合适。近端第3根固定针靠近骨裂。该支架的刚度和强度可以为该体型犬提供足够的全部负重。

## 随访评估

术后6周随访评估时，患犬跛行，患肢部分负重，站立时抬起患肢。胫骨外侧固定针处中等量渗出。X线片显示准直和对合保持良好。外固定支架未见移位，近端3根全针松动。可见少量骨痂桥连骨折。因为骨痂已桥连骨折，所以拆除外固定支架。骨折愈合不完全，因此要严格限制活动3周。建议X线复查但遭拒绝。

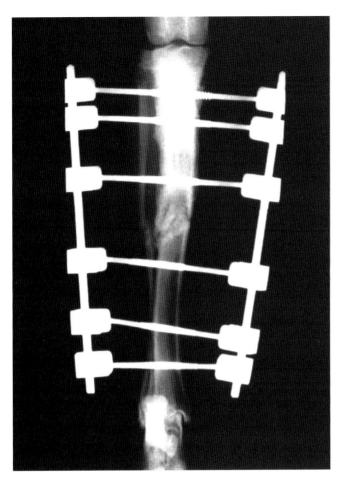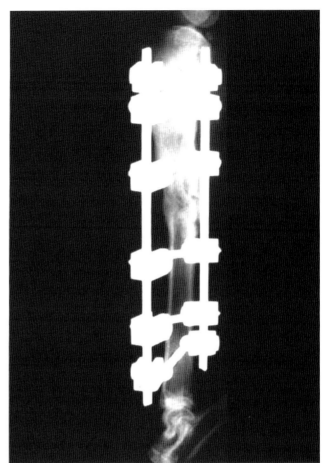

# 病例分析 5

## 临床表现、病史和骨折

边境牧羊犬，5岁，22kg，雌性，已绝育，车祸后发生右侧胫骨骨折。对患犬进行休克治疗，并用罗伯特琼斯绷带包扎患肢。骨折为胫骨中段横骨折，至少有3块小的粉碎性骨碎片。骨折向后移位，重叠2cm。

## 手术计划

该闭合性骨折最好待动物稳定后再进行处理，罗伯特琼斯绷带要使用1~2天。如果骨折能够成功复位，可以考虑使用铸型外固定修复骨折。但是，粉碎性骨碎片及X线片中显示不明显的骨裂无法使骨折稳定。单纯使用髓内针-钢丝固定也无法提供该横骨折足够的抗旋转稳定性，尤其是存在小骨碎片时。尽管小骨碎片的复位及X线片显示不明显的骨裂可能是潜在并发症，但应用骨板固定是合适的。应用外固定支架也是合适的，尽管术后护理较骨板固定复杂些。如果保证两端主要的骨碎片接触，便可实现分担负重，无需使用最强外固定支架。对于该22kg患犬，若术者希望充分支撑骨折，可选择Ⅱ型（双侧）或Ⅰb型（单侧，双面）支架。可考虑有限手术通路或闭合性方法复位骨折。

## 骨折修复和评估

使用Ⅰ型（单侧）外固定支架修复骨折。使用肢体悬吊技术和有限手术通路复位骨折。在近远端骨碎片各放置1根半针使骨折复位。预钻孔后连续放置阳螺纹半针，直至近远端骨碎片各有3根固定针。添加1块加强钢板，增强支架刚度。

骨折准直和对合充分。固定针距离关节和骨折的位置都合适，没

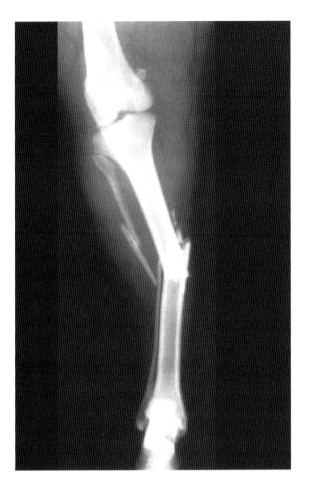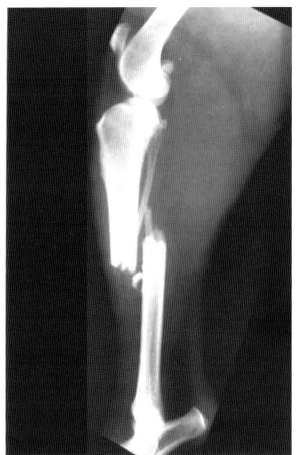
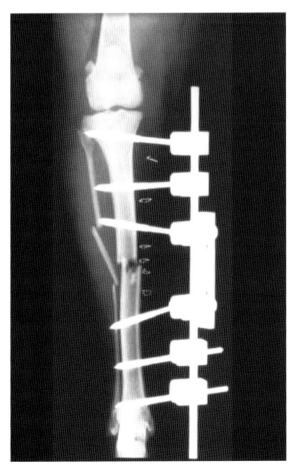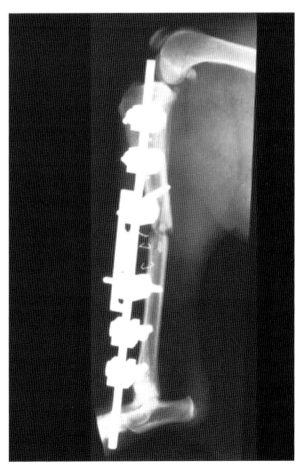

有侵犯骨折。如果骨折对合良好，支架的刚度就足够；但是，从术后 X 线片看，不是很确定，因为骨折断端有些轻平移。

## 随访评估

术后 8 周随访评估时，患犬跛行，跑动时偶尔负重（出院医嘱时不建议跑动）。准直和对合保持良好。外固定支架未见移位，但是第 2、第 3 根固定针周围出现早期松动迹象并伴有骨膜反应。X 线片显示骨痂桥连，但骨折区域骨密度相对较低，不是成熟骨愈合。这可能是应力保护，但更像不完全愈合。拆除加强刚板，牵遛 3 周。

## 第 2 次随访评估

术后 11 周随访评估时，患犬持续跛行，但富有活力且奔跑时可使用患肢。准直和对合保持良好。第 2、第 3 根固定针周围密度进一步降低。X 线片显示骨痂密度增高，表明成熟骨愈合。拆除外固定支架，两周牵遛限制后方能恢复正常活动。

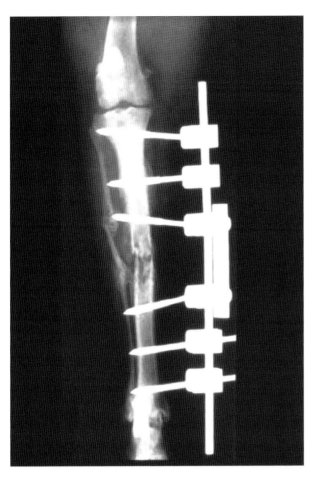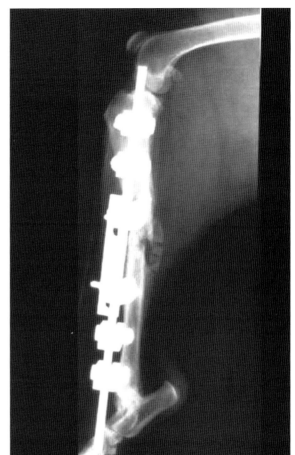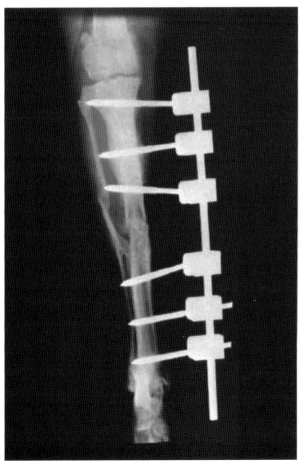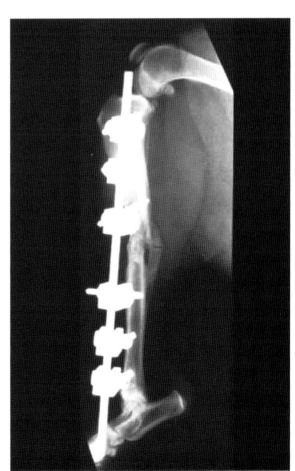

# 病例分析 6

## 临床表现、病史和骨折

拉布拉多猎犬，1岁，34kg，雄性，未去势，就诊前1周发生车祸，右侧胫骨骨折。患肢最初以圆柱形玻璃纤维铸型绷带固定，但是不能良好复位且持续不适，从而就诊。

胸部X线片正常。右侧胫骨X线片显示骨干中段与远端1/3交界处闭合性锯齿状短斜骨折，并可见一些微小骨碎片。近端的大骨碎片向后内侧移位，与远端骨碎片轻微重叠。近端骨碎片的远侧端可见小骨裂线。

## 手术计划

尽管幼龄动物具有较强的愈合能力，但考虑到患犬体型大、好动且难于获得足够的准直，铸型外固定包扎不是明智的选择。患犬麻醉，拆除铸型包扎，拍摄高质量侧位X线片后进行手术。

尽管远端骨碎片略短，但并不妨碍通过内侧放置骨板与螺钉治疗骨折。可考虑使用交锁髓内钉固定，但要选用三孔而不是四孔髓内钉。单纯使用髓内针固定不能对此大型活跃的患犬提供足够的稳定性，但可考虑使用髓内针联合Ⅰa型外固定支架。也可考虑有限手术通路或闭合性复位下使用Ⅰb型或Ⅱ型外固定支架。

## 骨折修复和评估

应用小号SK连接夹和钛连杆的双侧（最低限度的Ⅱ型）外固定支架修复骨折。患犬仰卧后使用肢体悬吊技术恢复骨折准直。必要时，通过骨折内侧"迷你手术通路"确认和改善准直。在近端骨碎片放置1根全针，在远端骨碎片放置第2根全针，用单连接夹和双侧连杆相连。轻微调整后，紧固4个连接夹维持准直。内侧连杆添加连接夹再放置5根半针，其中近端骨碎片3根，远端骨碎片两根。最近端使用半针而非全

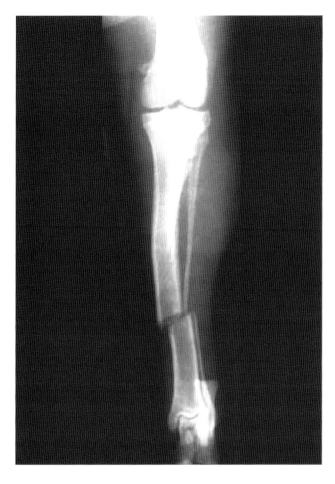
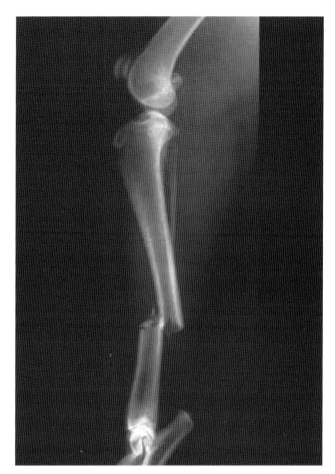
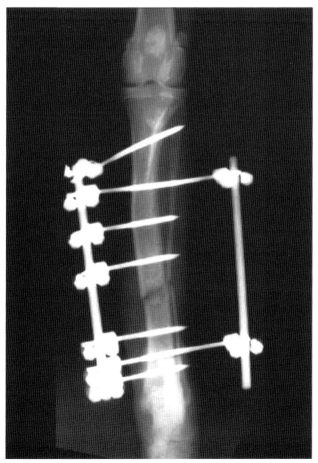
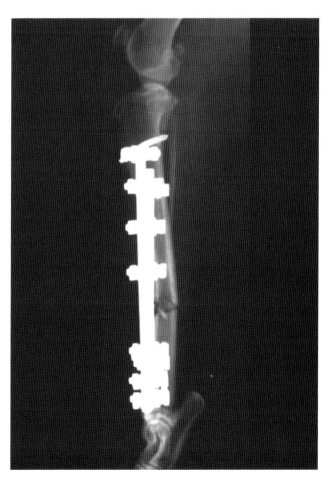

针，可避免损伤胫骨近端外侧的厚层软组织。以 1~7 号对固定针由近端向远端编号，若需要增加支架刚度，则需将 3 号、4 号、5 号、7 号半针换为全针。

术后侧位 X 线片显示准直尚可，但轻微向后弯曲。在该骨折愈合早期，也可使用大号连接夹和连杆增加支架的强度。如前后位 X 线片所示，若内侧使用更长的连杆，则没有将 1 号全针倾斜放置。如果 1 号半针垂直于骨长轴放置，其工作长度可有效减小。本病例未做松质骨移植，但实际上应该考虑做，即便这是年轻患犬，愈合潜力高。

## 随访评估

术后 6 周，患犬复查，拍摄右侧胫骨 X 线片。术后患肢功能逐渐改善，4 周时跛行消失。主人在支架外使用保护性绷带包扎，每周更换数次。外侧近端全针和内侧最近端半针处少量渗出，其他固定针处清洁干燥。X 线片显示骨痂生成良好、桥连骨折。靠近近端骨碎片的最远端半针可见新的低密度区，推测可能是放置固定针时并发的额外骨折。评估该固定针的稳定性时，连接夹已松动，但在胫骨上依然牢固。分阶段拆除外固定支架，先拆除 2 根全针及其连接夹和外侧连杆，双侧（最低限度的 Ⅱ 型）支架转换为单侧（Ⅰa 型）支架。

## 第 2 次随访评估

术后 10 周，患犬再次复查。上次复查后，右后肢功能正常。最近端固定针处少量渗出，其他固定针处清洁干燥。患犬镇静后接受胫骨 X 线检查和触诊评估。X 线片显示光滑的成熟桥连骨痂，初始骨折线和 6 周前见到的继发骨折线均充分愈合。骨折区域可见胫腓骨骨性连接。连接夹松动，触诊胫骨确认临床愈合。拆除外固定支架。患肢使用改良罗伯特琼斯绷带包扎两周，牵遛限制活动 6 周。

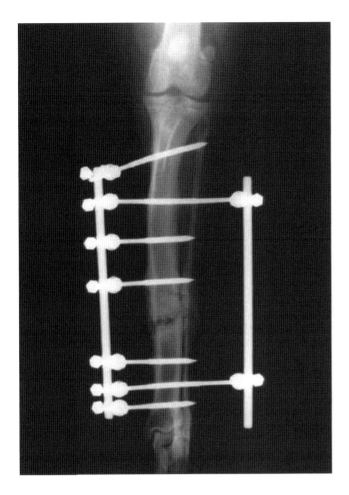
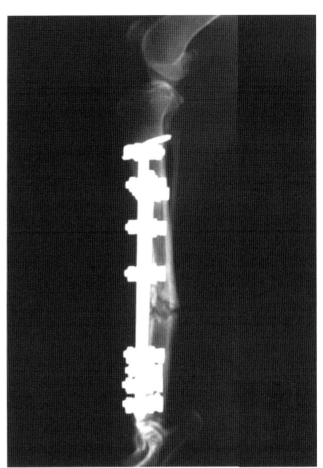
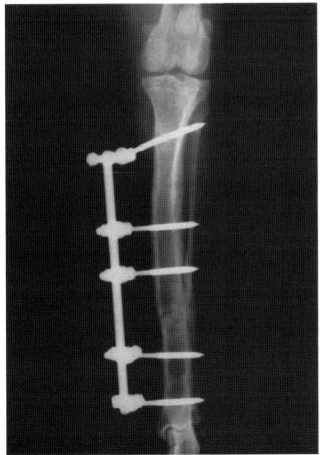
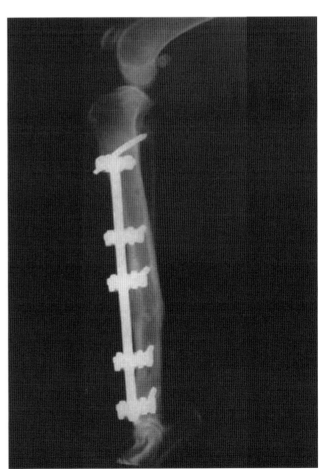

# 病例分析 7

## 临床表现、病史和骨折

斯塔福梗，6 月龄，21kg，雌性，未绝育，车祸后发生左侧胫骨闭合性骨折。转诊兽医拍摄的 X 线片显示胫骨近端骨干螺旋斜骨折，伴轻度移位。腓骨完整。远端骨碎片可见骨裂线，在前后位 X 线片更容易见到。患肢用罗伯特琼斯绷带包扎，转诊接受手术治疗。就诊时患犬状态稳定。其他异常仅有左后肢第五趾近端趾节骨骨折。

## 手术计划

患犬年轻，胫骨骨折成两段，未发生明显移位，且腓骨完整。尽管骨折部位偏近端，但应该可以用圆柱形玻璃纤维铸型绷带成功修复。然而，该患犬股部肌肉厚实，为铸型绷带包扎带来挑战。若考虑手术治疗，则必须重视患犬生理活跃的生长板。手术方法包括髓内针、骨板和外固定支架。使用骨板或外固定支架时，在较短的近端骨碎片放置理想数量的骨螺钉或固定针（不过分靠近生长板）十分困难。

术前本应拍摄高质量的 X 线片，但应主人节省费用的要求而未进行。高质量 X 线片要有两个投照体位，且包含骨折部位的上下两个关节，这点非常重要，有助于在完整骨上"标记"安全放置植入物的位置。应避免技术错误造成的 X 线片质量差。

## 骨折修复和评估

患犬仰卧，使用肢体悬吊技术获得骨折适当的准直。通过内侧"迷你手术通路"使骨折解剖复位。先使用自锁式持骨钳维持骨折复位。放置半环钢丝维持骨折复位，移除持骨钳。在内侧放置单侧、单面（Ia 型）外固定支架稳定骨折，应用小号 SK 连接夹和钛连杆。预钻孔后，在近端骨干软质骨处放置 1 根松质螺纹固定针，远端干骺端放置 1 根皮质阳螺纹固定针。在内侧放置连接夹和钛连杆，确认骨折复位后，锁紧连接

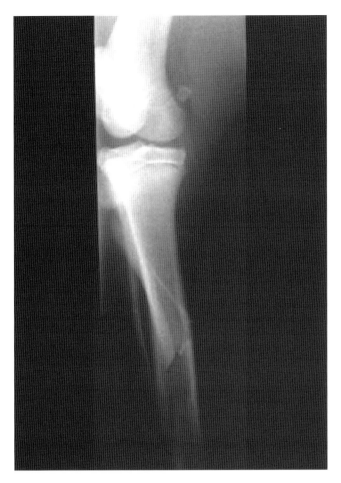
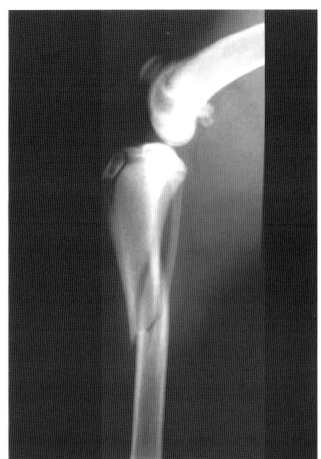
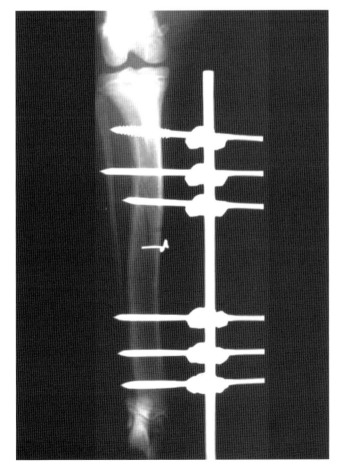
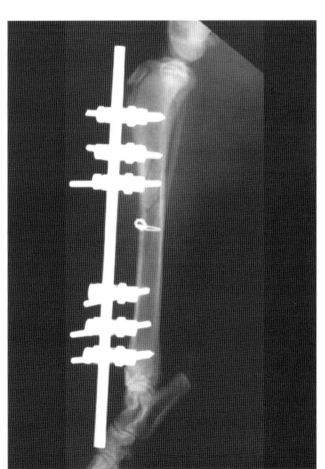

夹。在连杆上再放置4个连接夹，预钻孔后，在支架的中央位置放置滑面斯氏针（为了节省费用而选用滑面针）。趾骨骨折用外固定包扎绷带治疗，后侧放置金属夹板。

术后X线片显示骨折解剖复位。近端骨碎片第2、第3根固定针侵犯骨折区。近端松质固定针本应更靠近端且避开近端生长板。术前未获得高质量X线片差导致近端骨碎片安全的骨性标志判断失误，造成固定针放置不理想。远端骨碎片固定针位置合适。

## 随访评估

术后4周，患犬复查和拍摄X线片。患犬可以负重，患肢功能逐渐改善，但仍轻度跛行。主人定期更换外固定支架绷带，固定针处清洁干燥。X线片显示大量桥连骨痂，尤其是在骨折区后侧。拆除近端骨碎片的最远端固定针和远端骨碎片的最近端固定针，增加支架的工作长度，降低其刚度。

## 第2次随访评估

术后6周，患犬再次复诊和拍摄X线片。可见光滑成熟的桥连骨痂。连接夹松动，触诊骨折确认临床愈合。拆除外固定支架。患肢用改良罗伯特琼斯绷带固定1周，牵遛限制活动4周。

尽管手术出现决策和技术失误，但该病例仍获得成功。术前应进行全面的X线检查。如果做了，近端固定针的放置会更加精确。自从先进的外固定支架部件（如Securos及IMEX-SK）问世以来，支架的中央位置可以使用滑面斯氏针，而不是非要使用阳螺纹固定针。阳螺纹固定针无法穿过或不易用K-E连接夹固定，因此常用K-E夹板。滑面固定针与阳螺纹固定针的费用差异不大（尤其是相对于治疗固定失败导致骨折愈合中断的并发症时的高额费用）。该支架应该都使用阳螺纹固定针。幸运的是，术者使用滑面固定针还获得成功，主要是因为患犬年轻、骨折愈合迅速。

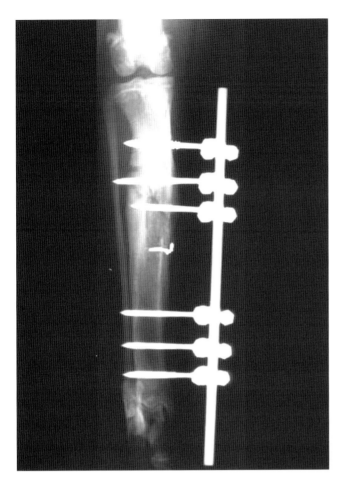
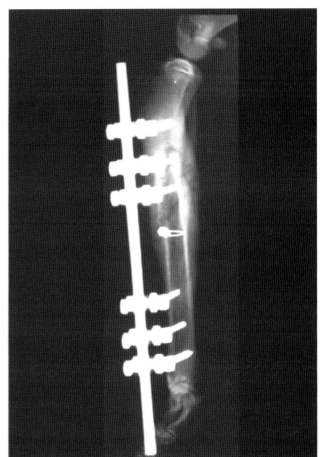
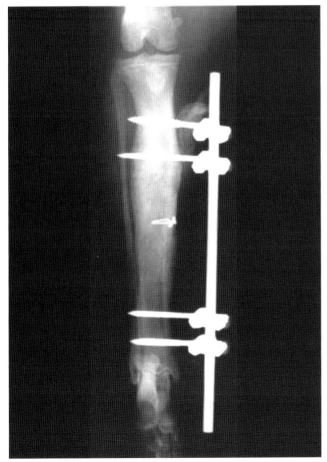
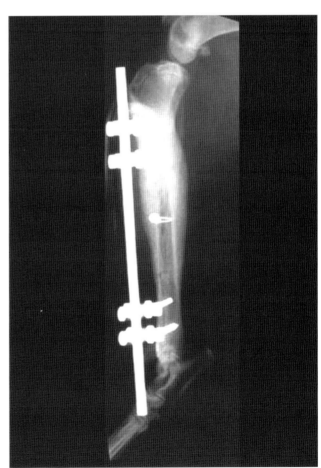

# 病例分析 8

## 临床表现、病史和骨折

金毛寻回猎犬，8月龄，27kg，雄性，未去势，被扫雪车伤害致右侧胫骨骨折。对患犬进行休克治疗，并用罗伯特琼斯绷带包扎患肢。骨折为胫骨体中段闭合性横骨折，有一块较大碎片和多块小碎片。胫骨近端有骨裂延伸。骨折向后内侧移位，重叠2cm。

## 手术计划

患犬稳定后治疗，并用罗伯特琼斯绷带包扎患肢。患犬稳定后或损伤后1~2天，进行骨折修复。修复方法可选择铸型外包扎固定，尽管存在纵向骨裂和大的粉碎性骨片很难维持足够的复位。可用环扎钢丝复位大的骨碎片和稳固骨裂，但对横骨折不能提供足够的旋转稳定性。开放性复位和骨板与螺钉内固定不失为良好的固定方法，但在复位大的骨碎片时必须小心，避免加重骨裂。也可以使用外固定支架，但应将大的骨折碎片复位以避免骨折处出现大的缺损。若骨折碎片安置妥当，则可实现分担负重。然而，如果支架强度不够而使骨折部位活动，会使纵向骨裂加重。因此，必须选择足够刚度的外固定支架来全部负重，即便骨折碎片完全复位。对于该27 kg患犬，应选择Ⅱ型（双侧）或Ⅰb型（单侧，双面）支架。存在较大骨碎片需要完全复位时，应采用开放性通路复位。

## 骨折修复和评估

用Ⅱ型（双侧）外固定支架修复骨折。使用肢体悬吊技术和胫骨内侧切口复位患肢。大骨折碎片复位后，用1个3.5mm和1个2.7mm骨螺钉以拉力螺钉的方式固定。近端和远端骨碎片分别放置1根阳螺纹全针，靠近但不侵犯生长板。骨折复位后，放置连杆维持。使用瞄准器和预钻孔技术放置其他阳螺纹全针，近远端骨碎片各有3根固定针。

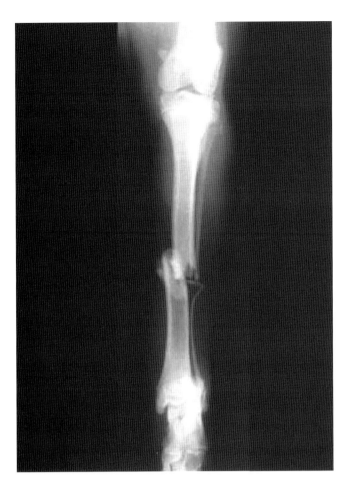
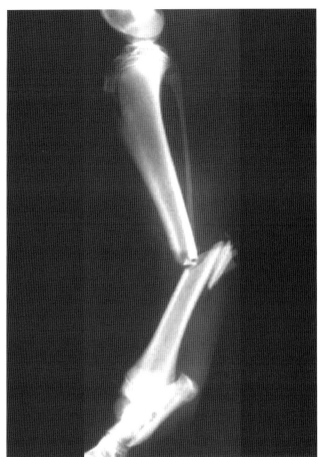
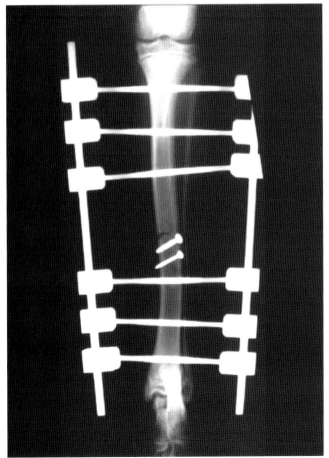
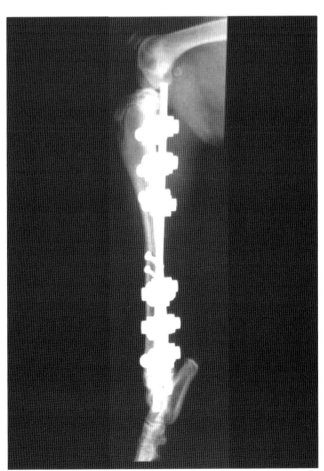

骨折准直和对合良好。固定针放置得当，既靠近关节又靠近骨折部位。该支架的刚度与强度适合该体型犬全部负重的要求。

## 随访评估

4周后，对犬复查。在本次随访评估前几天，患犬患肢出现肿胀。使用抗生素治疗后，肿胀消退。固定针部位无渗出，患犬使用患肢良好。X线片显示准直和对合维持良好。支架未发生移位，固定针无明显松动。骨螺钉稳定。前外侧有大骨痂桥连骨折，后内侧没有。此时，更换内侧连杆的3个远端连接夹为滑动连接夹，增加轴向负荷。在如此早的时间点上，X线片又没有应力保护性骨质减少，实际上并不需要更换。患犬出院，医嘱牵遛限制活动。

## 第2次随访评估

术后8周，患犬使用患肢良好。固定针道未见并发症，没有渗出和触痛。X线片显示胫骨皮质重塑和重建，胫腓骨骨折愈合。拆除外固定支架。

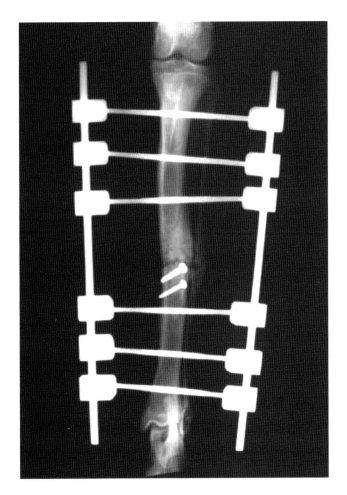
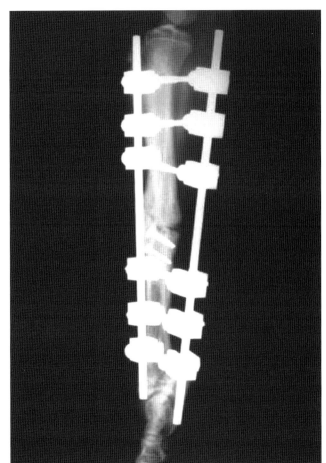
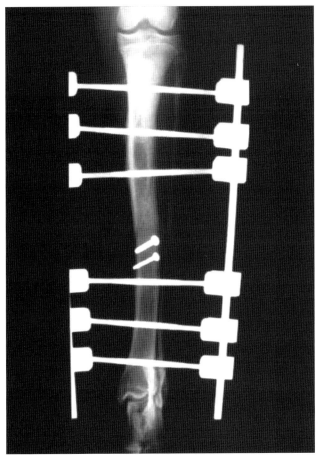
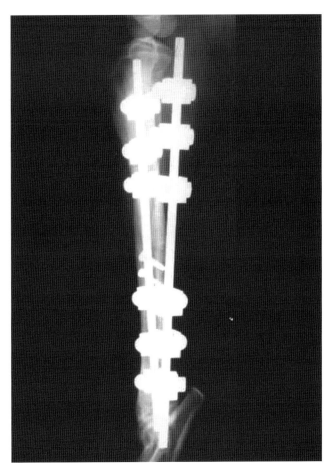

# 病例分析 9

## 临床表现、病史和骨折

比特犬，2岁，34kg，雌性，已绝育，车祸后左侧胫骨Ⅱ级开放性骨折。患犬进行休克治疗后实施麻醉。清创和充分灌洗后，用罗伯特琼斯绷带包扎患肢。骨折为胫骨中段开放性横骨折，并存在至少3块骨折碎片。骨折向外侧移位，重叠1cm。

## 手术计划

Ⅱ级开放性骨折无需紧急骨折修复，但要及时处理外伤，并用罗伯特琼斯绷带包扎。一旦患犬体况稳定，应立即进行骨折固定。因为是开放性骨折，不能选用铸型外包扎固定。髓内针和钢丝固定不能提供粉碎性骨折的旋转稳定性，而且存在潜在的感染风险，因此不能选用。骨板固定可以考虑，但是粉碎性骨碎片的存在可能无法提供足够的稳定，而且骨板在开放创口的暴露会增加感染风险。该骨折最好用外固定支架修复。由于存在粉碎性骨折碎片，不能分担负重，因此只能使用更坚固的支架来全部负重。对于该34kg患犬，应选择Ⅱ型（双侧）或Ⅰb型（单侧，双面）支架。使用有限通路复位。

## 骨折修复和评估

骨折用Ⅰb型（单侧，双面）外固定支架修复。患肢用肢体悬吊技术和有限通路（扩大开放性骨折创口）复位。胫骨内侧近、远端骨碎片各放置1根半针，骨折复位。以预钻孔技术再放置其余阳螺纹半针，近、远端骨碎片各有3根固定针。在胫骨前侧再放置固定针，连接第2根连杆，与第1根连杆的角度略小于90°。在此连杆基础上，近、远端骨碎片各有两根阳螺纹固定针。

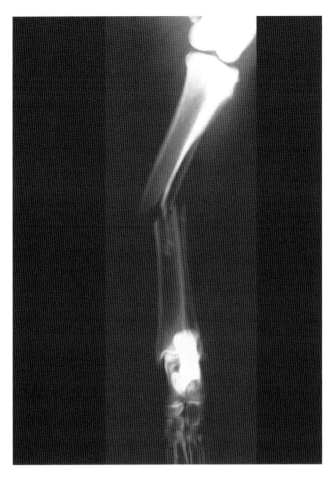
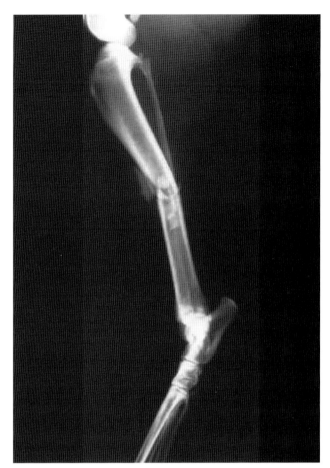
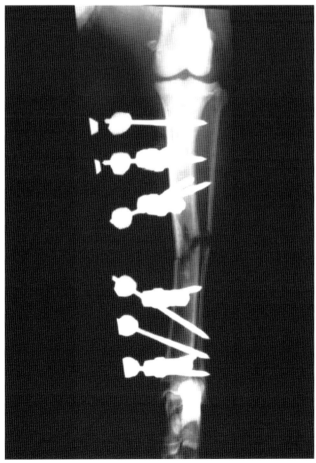
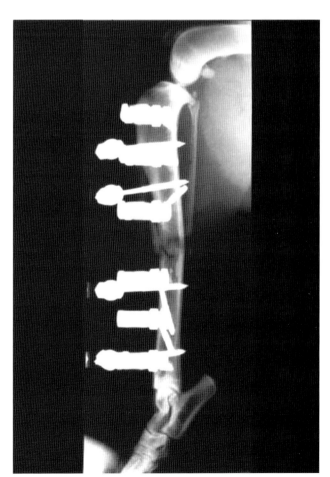

骨折准直良好。一骨碎片向内侧移位，外侧皮质有小的缺损。固定针放置位置合适，既靠近关节又靠近骨折部位。该支架的刚度和强度也符合该体型犬全部负重的要求。

## 随访评估

10周后，患犬复查，可使用患肢行走，但站立时偶尔抬起患肢。固定针处未见并发症的迹象且无渗出。X线片显示骨折准直和对合维持良好。外固定支架没有移位，且固定针无明显松动。在前侧、后侧和内侧，有少量骨痂桥连骨折，外侧没有。此时，拆除前侧连接杆及其4根固定针。患犬出院，医嘱牵遛限制活动。

## 第2次随访评估

术后14周，患犬使用患肢良好，但过度运动时偶见抬起患肢。固定针处未见并发症迹象且无渗出或触痛。X线片提示胫骨骨折愈合。胫骨外侧皮质可见术中移除骨折碎片所致的缺口；尽管胫骨外侧皮质缺乏连续性，但胫骨已完全愈合。腓骨未愈合。

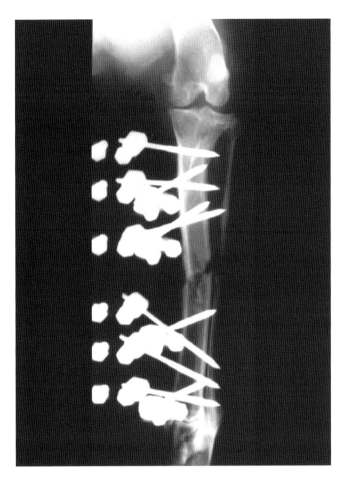
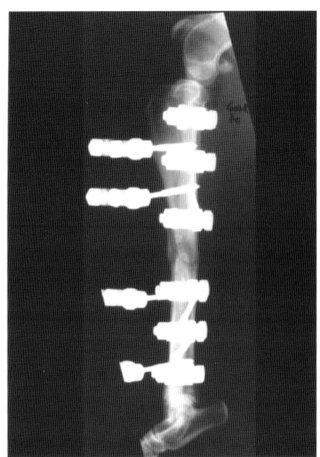
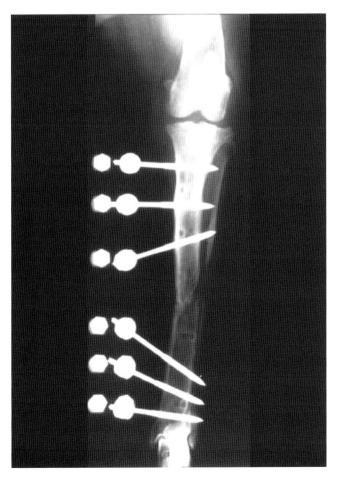
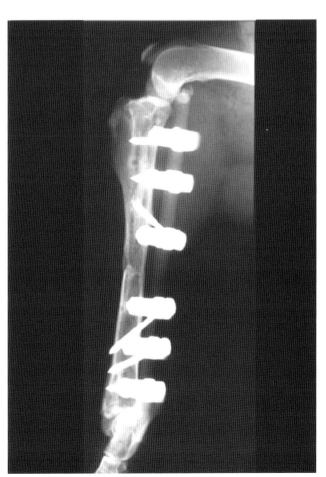

肱骨

# 病例分析 1

## 临床表现、病史和骨折情况

家养短毛猫，3 岁，4.4 kg，雄性，未去势，因火枪伤去当地医院就诊。保守治疗两天，表现厌食后转诊而来。创口感染，猫发热。胸部 X 线片未见明显异常。右前肢指背感觉正常。骨折为肱骨远端开放性横骨折，向后内侧移位，骨折断端重叠 1cm。

## 手术计划

骨折为Ⅲ级枪伤，并发生感染，应进行无菌外科清创、灌洗和开放性创口管理。由于特定的损伤位点，要注意桡神经的功能情况。骨折应进行开放性手术，并尽快固定。可以考虑开放性复位和骨板内固定；但这是严重感染的骨折，术后要保持开放，会使骨板暴露。髓内针会造成骨髓腔感染蔓延。骨折为横骨折，环扎钢丝不适用。由于使用的固定针型号较小，单侧外固定支架可能达不到足够的刚度。这种骨折可选择单侧 3 面外固定支架。肱骨远端髁放置 1 根全针，用在肱骨前交叉通过的连杆与近端半针搭接（第 1 章）。远端骨碎片再放置 1 根半针，增加旋转稳定性。

## 骨折修复和评估

患猫在麻醉状态下进行创口剃毛、准备、清创及灌洗。感染仅侵袭到皮下组织，但仍对骨折处进行培养和开放性处理。未尝试取出子弹残骸。内上髁内放置 1.6mm 髓内针修复骨折。骨折复位后，肱骨髁上放置 1.6mm 滑面针。髓内针弯向外侧，用连杆将髓内针与固定针连接。肱骨干上再放置两根 1.6mm 滑面半针。外上髁上放置 1 根小的克氏针。

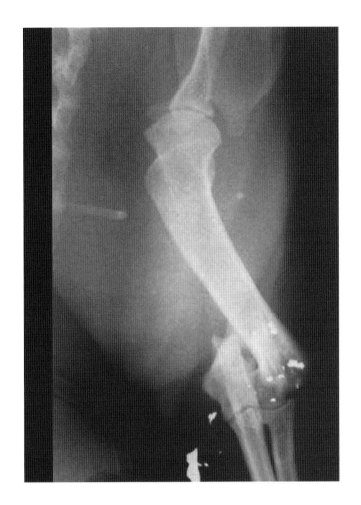
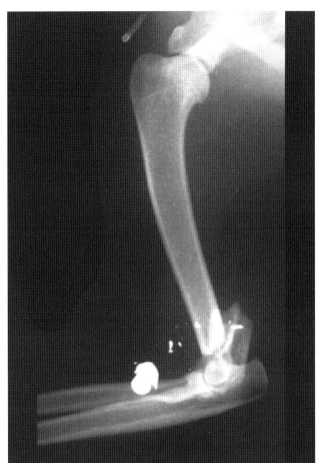
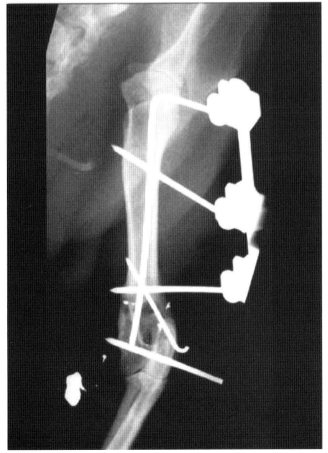
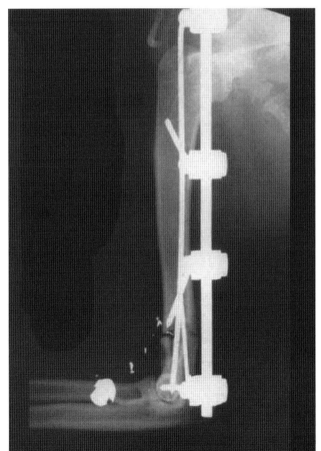

骨折准直良好，对合尚可。髓内针位置合适，但可以使用更大号的。固定针也可以使用更大号的。最好是 2.4mm 阳螺纹固定针而非滑面固定针。使用髓内针"搭接"结构，增加了支架的刚度。在某种程度上，髓内针类似于骨内的第 2 根连杆。尽管固定针过细，但固定针位置良好。髓内针可能促进细菌感染，导致骨髓炎。创口开放性治疗 1 周，经二期伤口愈合。患猫住院，笼养限制活动，使用抗生素治疗 3 周。

## 随访评估

术后 4 周，患猫复查。患猫无法笼养限制活动；患猫可以行走后，主人牵遛。固定针处轻度发炎。X 线片显示准直和骨折对合维持良好。支架和髓内针未发生移位。骨折处有少量骨痂形成。

## 第 2 次随访评估

术后 8 周，患猫再次复查。患猫使用患肢良好，能跑跳，未按出院医嘱。近端髓内针处轻度炎症反应。X 线片显示准直和对合维持良好。固定针稳定，未见松脱。骨折愈合，肱骨各面有桥连骨痂。拆除外固定支架，患猫恢复正常室外活动。

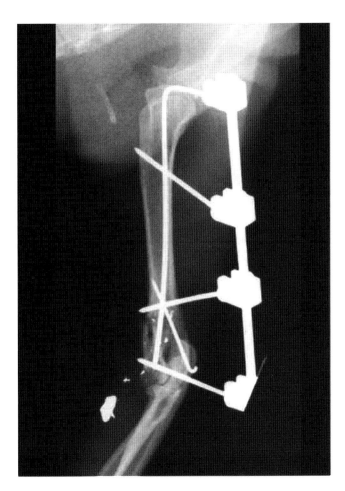
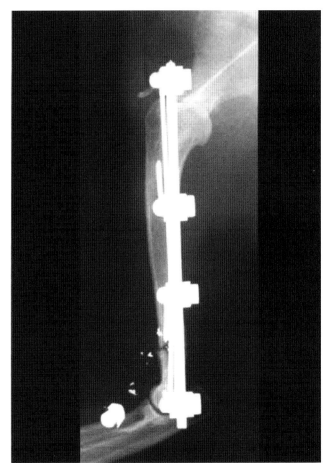
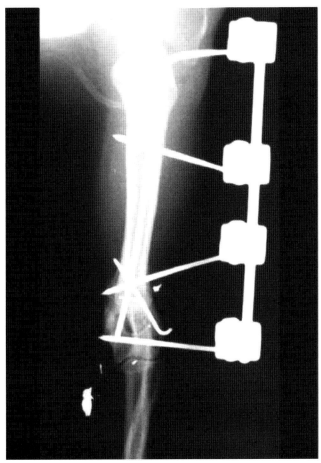
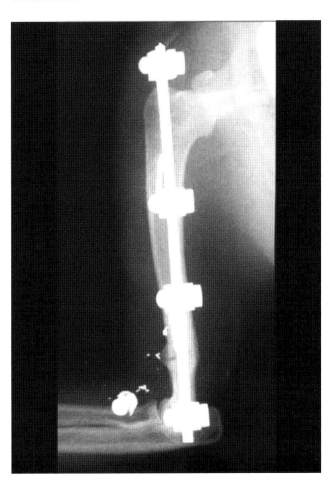

# 病例分析 2

## 临床表现、病史和骨折情况

Wheaten terrier，4岁，20kg，雄性，已去势，车祸造成左侧肱骨骨折。胸部X线片显示轻度肺挫伤，但患犬体况正常。指背侧可感受到疼痛刺激，说明桡神经功能正常。X线片显示肱骨远端1/3闭合性长斜骨折；骨折向后侧移位，重叠1cm。

## 手术计划

不必进行绷带包扎，第二天即可手术。这个位置的骨折，有可能损伤桡神经。夹板外包扎固定不适用。可以考虑开放性复位和肱骨内侧或外侧骨板内固定。X线片未显示的骨裂使螺钉的放置更为复杂。骨折为长斜骨折，可考虑使用环扎钢丝和髓内针。单独使用外固定支架不合适，单侧支架强度不够，横跨斜骨折的应力会影响骨折愈合。可以选择外固定支架与髓内针和钢丝联合使用。

## 骨折修复和评估

采用肱骨外侧通路进行骨折复位。放置四4个环扎钢丝。用1根小号克氏针横跨骨折放置，防止最近端和最远端环扎钢丝滑动。顺向技术放置髓内针，至内上髁。放置3根3.2mm阳螺纹固定针（未预钻孔），连接成单侧支架，并用加强钢板。远端骨碎片仅在肱骨髁上放置1根半针。

骨折准直和对合良好。环扎钢丝的数量和大小合适。但是，用于支持近端环扎钢丝的克氏针过长。髓内针大小合适，位置合适，但是应当向髁嵴再深入些。

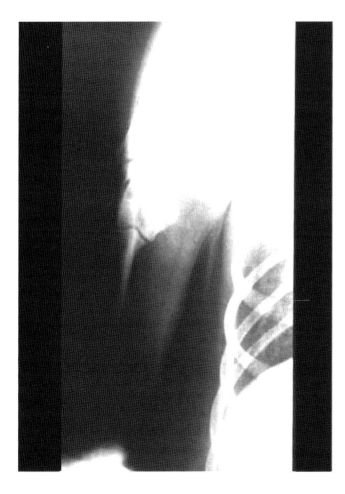
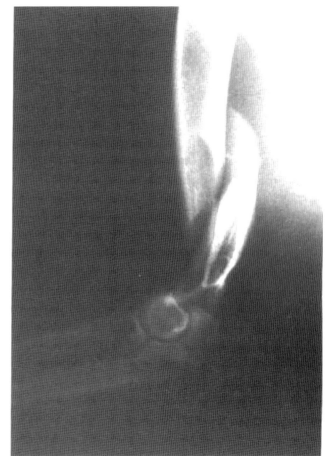
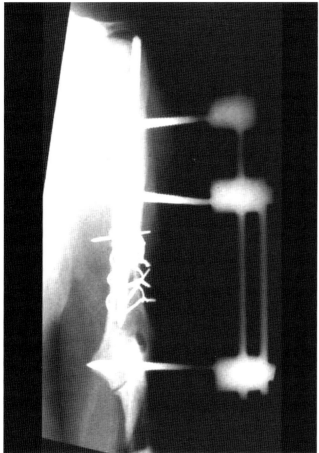
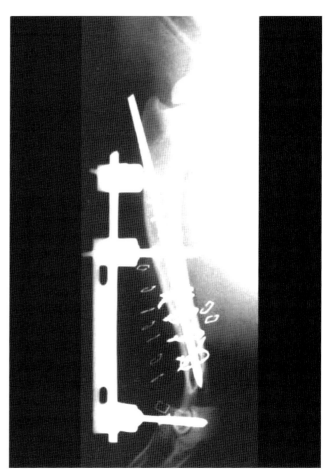

外固定支架放置适当，如果能预钻孔就更好了。外固定支架的刚度足够，可以支持髓内针和钢丝固定；单独使用可能刚度不足。

## 随访评估

术后 8 周，患犬复查。复查前几天，患肢废用。远端固定针处排出大量浆液血性渗出。X 线片显示准直和对合维持良好。近端克氏针向内侧移行，可从皮下触诊到。远端固定针松动。骨折已经愈合，但肱骨髁和远端干骺端可见骨膜新骨形成，提示骨髓炎。拆除外固定支架和克氏针，并进行骨培养，选择合适的抗生素；特异性抗生素是克林霉素（11mg/kg，口服，每天两次）。开始进行理疗，每天 3 次温和活动。患犬在拆除支架后第 2 天开始使用患肢，逐步恢复正常活动。

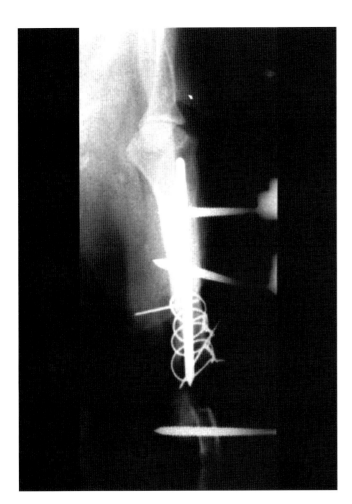
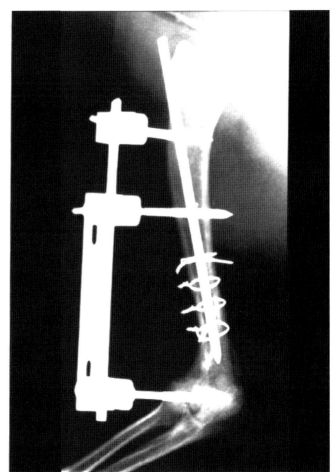

# 病例分析 3

## 临床表现、病史和骨折情况

纽芬兰牧羊犬，7月龄，36kg，雌性，车祸后发生左侧肱骨骨折而就诊。受伤后，患犬用其他3肢行走。胸部X线片显示肺挫伤。左前肢各面对疼痛刺激有反应。骨折为肱骨闭合性长斜骨折，向前侧移位，断端重叠4cm。

## 手术计划

轻度的肺挫伤并未影响呼吸功能。但肺挫伤在伤后1~2天会在X线片上表现得更明显。术前需要X线复查胸腔。由于骨折位置存在桡神经，且骨折发生移位，需要仔细评估臂神经丛及桡神经。铸型或夹板不适用。对于长斜骨折，髓内针和环扎钢丝是非常好的修复方法。采取开放性复位，放置内侧或外侧骨板及横跨骨折的骨干螺钉也是非常好的内固定方法，只要X线片没有见到影响螺钉放置的骨裂。单独使用单侧外固定支架固定该骨折不是好的方法，因为肱骨外侧软组织厚，导致连杆到骨骼之间的距离延长。另外，用钢丝固定这种长斜骨折，还可达到分担负重的效果。如果斜骨折的骨片间压力不足，会导致很大的剪切力，对于骨折愈合有害。如果需要进一步加固，可在髓内针和环扎钢丝的基础上增加单侧支架。将髓内针与外固定支架搭接，可以增加支架的刚度，但操作起来会很困难，因为所选的髓内针是36kg的犬用的，其肩部肌肉和软组织很发达。

## 骨折修复和评估

通过肱骨外侧通路，骨折使用髓内针和5个钢丝环修复。另外，加用2根固定针的单侧外固定支架（用3.2mm阳螺纹针和4.8mm连杆）。

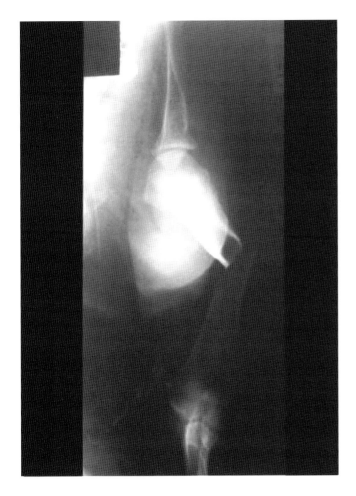
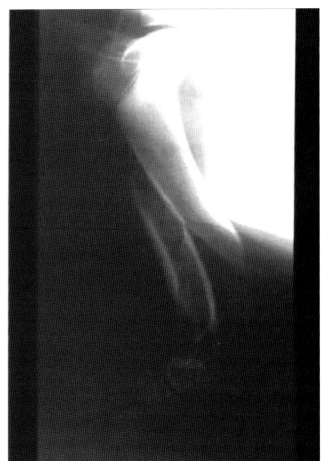
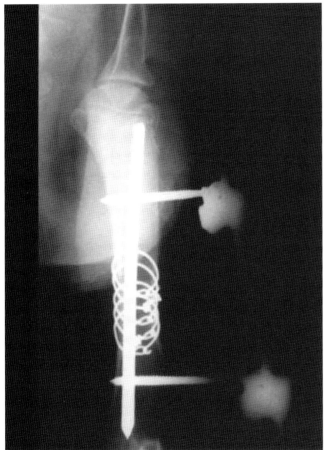
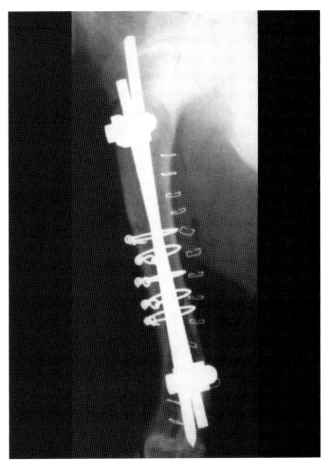

骨折准直和碎片对合非常好。髓内针在内上髁的位置合适，钢丝环的数量、大小及位置也合适。单侧外固定支架的固定针分别放置在骨折近端 3cm 处和远端 2cm 处。该外固定支架略微增加了整体固定的强度和刚度。如果选择单侧 4 根固定针加 9.5mm 连杆的支架可以提高数倍刚度。固定针可以更向近端和远端放置，避免影响生长板。

## 随访评估

术后 4 周，患犬复查，近端固定针处渗出。术后患犬开始负重，活动性增加。X 线片显示骨折准直和对合维持稳定。髓内针向近端移位。环扎钢丝未松脱，并且被骨痂包裹。固定针未松脱。骨折处大量桥连骨痂。大量骨痂形成可能与动物年龄有关，也可能是骨折处活动性增加。外固定支架引发并发症，但未影响稳定性，因此拆除了外固定支架。

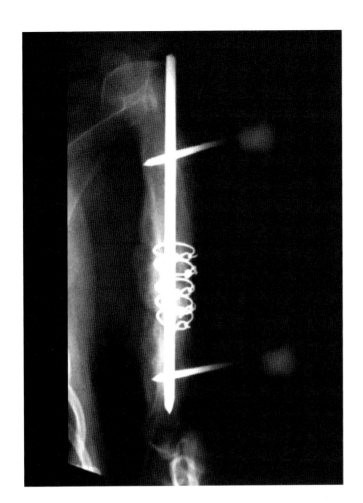
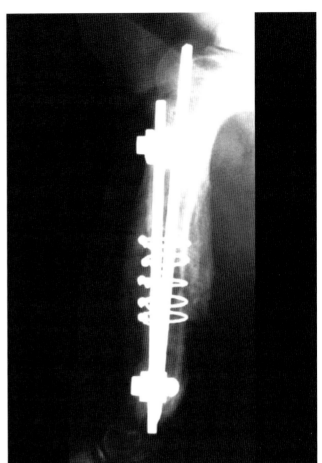

股骨

# 病例分析 1

## 临床表现、病史和骨折

　　家养短毛猫，2 岁，4kg，雄性，已去势，丢失 7 天后发现不明创伤。患猫体况良好，后肢无法负重，未发现创口。胸部 X 线片未见明显异常，后肢 X 线片显示右侧股骨近端 1/3 处闭合性粉碎性骨折。可见源于骨干的多个小骨碎片和两个长骨碎片，纵向骨裂延伸至股骨远端 2/3。

## 手术计划

　　猫状态稳定，但由于骨折已经 1 周，因此需要立即进行手术。外包扎固定不适用。可以使用髓内针和环扎钢丝固定；长的骨碎片应该能够复位，骨干的长骨裂也可以使用环扎钢丝修复，髓内针能够抵抗弯曲力。一旦采用这种方法，骨折复位后会变成近端1/3横骨折，无法抵抗旋转力。外固定支架或在环扎钢丝上放置骨板可抵抗旋转力。可以尝试单独使用骨板和螺钉进行开放性复位与内固定，因存在骨碎片和骨裂，骨板必须全部负重。纵向裂隙会影响螺钉放置。单独使用外固定支架也不合适，因为存在骨裂隙，而且单侧外固定支架的刚度不足。可以联合使用如前所述的髓内针和外固定支架，搭接构型的使用会极大提高单侧外固定支架的强度和刚度。

## 骨折修复和评估

　　采用股骨外侧通路进行开放性复位来修复骨折。长骨碎片复位，股骨干用 5 个环扎钢丝修复。放置 2.4mm 髓内针至股骨远端，将大转子外延伸的髓内针向外侧弯曲。股骨远端外侧髁预钻孔，然后放入 2.4mm 阳螺纹固定针。在髓内针和远端固定针之间放置连杆，然后在近端骨碎片再放置两根 2.4mm 固定针，在远端骨碎片再放置 1 根 2.4mm 固定针，注意避开纵向骨裂。尽管在横骨折部位有小的缺损，但没有做松质骨移植。

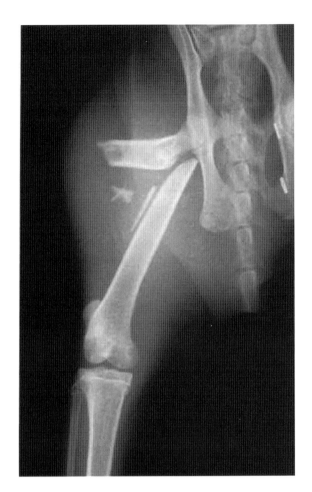
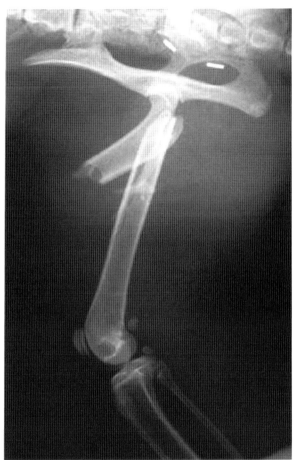
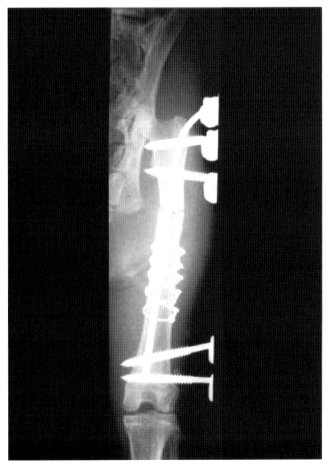
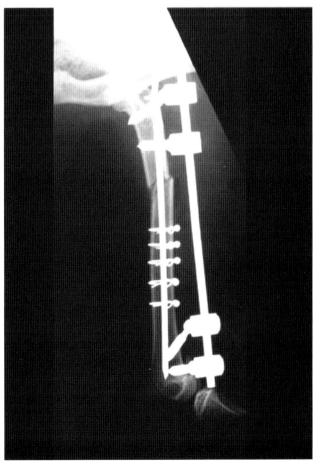

术后 X 线片显示准直良好，但近端骨碎片轻微向外侧弯曲。纵向骨碎片和骨裂对合良好。2.4mm 髓内针似乎太细，应该使用 3.2mm 髓内针并与外固定支架搭接。环扎钢丝的大小、数量和位置合适，外固定支架放置良好。然而，远端两根固定针到骨折部位的距离较大，从而使杠杆臂过长，可能导致骨折部位不稳定。这种情况无法避免，因为存在骨裂和环扎钢丝，无法将固定针更靠近骨折部位放置。由于这个缺陷，加之选择的髓内针较细无法充分抵抗弯曲力，因此会导致稳定性下降。患猫出院，医嘱限制活动。

## 随访评估

术后 6 周，患猫复查。患肢使用正常，固定针处无并发症。X 线片显示患肢准直变化，横骨折远端骨碎片向后侧移位。环扎钢丝完整，位置未发生改变，骨裂线已愈合。横骨折外侧形成桥连骨痂，但前侧、后侧、内侧骨痂尚未桥连。由于患肢使用良好，且有桥连骨痂，因此未再进行二次手术。患猫出院，笼养限制活动 4 周。

## 第 2 次随访评估

术后 10 周，患猫再次复诊。患肢行走正常，固定针处无并发症。X 线片显示准直和对合与上次相比未发生改变。所有植入物均稳定，无固定针松脱。横骨折部位可见平滑的桥连骨痂，骨皮质正处于骨重塑过程。拆除固定针和髓内针，患猫恢复正常功能。

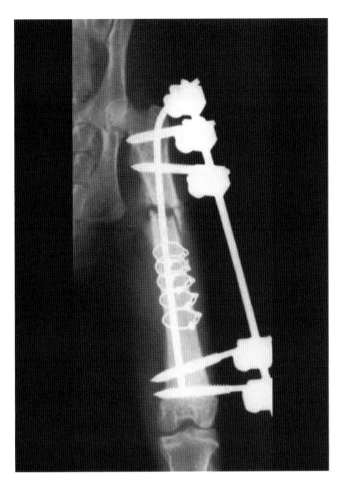
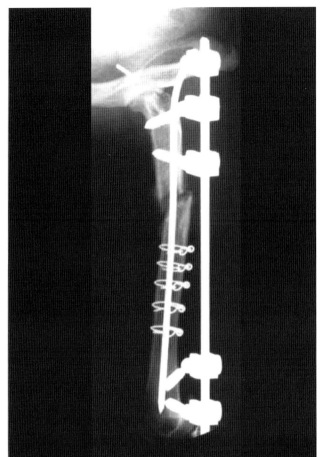
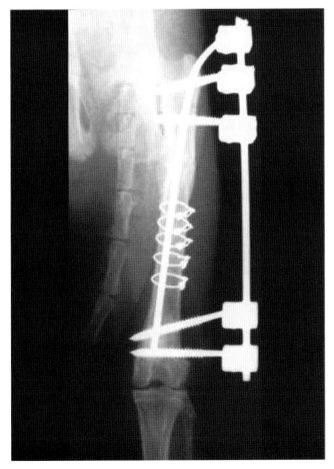
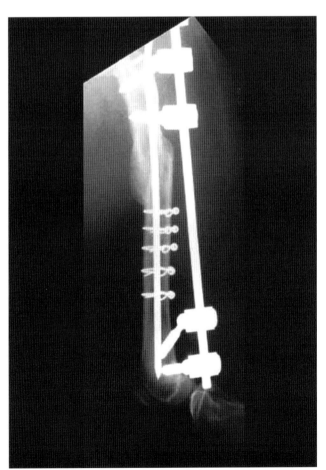

# 病例分析 2

## 临床表现、病史和骨折

　　家养短毛猫，10 月龄，4kg，雄性，已去势，因右侧股骨骨折而就诊，伤前一天未见受到损伤。胸部 X 线检查未见明显异常，体格检查未发现其他异常。右后肢 X 线片显示右侧股骨骨干中段闭合性粉碎性骨折，可见多个大的骨碎片。骨折断端向后侧移位，重叠约 1cm。

## 手术计划

　　尽管保守治疗也可能会愈合，但不应作为理想方法。对猫实施外固定包扎很难，也不适用于股骨骨折。由于骨碎片数量较多且形态复杂，使用髓内针和环扎钢丝在技术上也很困难。若要达到股骨的解剖重建，使用开放性复位和骨板与螺钉内固定也很难做到。可以考虑采用髓内针和骨板横跨骨折区域的内固定，这种生物性修复在股骨干中段粉碎性骨折非常有效。单独使用外固定支架效果也不理想，因为覆盖的软组织相对较厚，也无法在骨内侧操作。联合使用外固定支架和髓内针为该类型的骨折修复提供了一种有效可行的方法。

## 骨折修复和评估

　　通过最小的切口放置 1 根髓内针修复骨折。未尝试探查或复位骨折碎片。骨折恢复准直，重建股骨长度，然后在每端骨碎片分别放置 1 根阳螺纹半针。向外侧弯曲髓内针，然后采用 APEF 系统用丙烯酸柱将 3 根针连接起来。

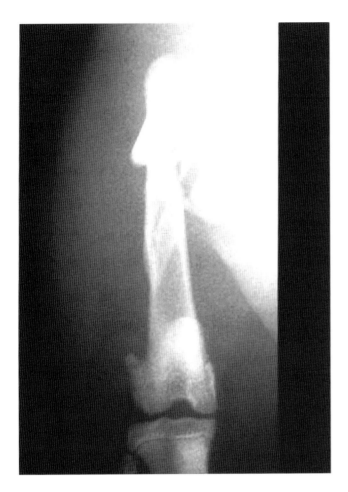
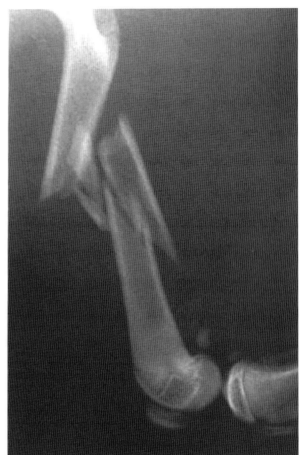
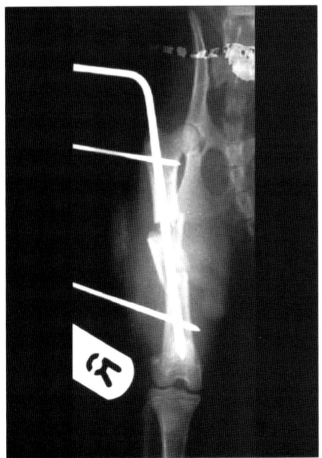
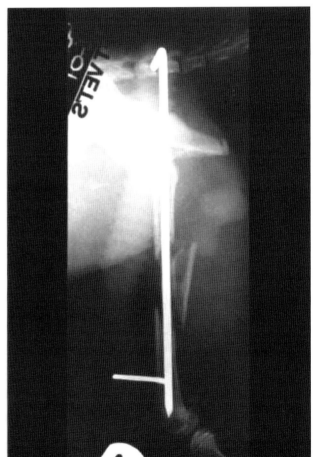

X线片显示患肢长度和准直尚可, 髓内针后侧可见一个大的骨碎片。该支架还可以再增加半针。患猫术后 1 天便能尝试负重。

## 随访评估

术后 5 周, 患猫可以正常使用患肢。X 线片显示准直维持良好, 大的骨碎片仍然在髓内针后侧。骨碎片边缘光滑, 少量桥连骨痂和骨膜新生骨。2 根阳螺纹半针早期松动。患猫出院, 医嘱继续限制活动。

## 第 2 次随访评估

术后 7 周, 患猫再次复查。患肢使用良好。X 线片显示肢体准直维持良好, 固定针松动。骨折内侧和后侧可见桥连骨痂。将远端固定针和部分丙烯酸柱拆除, 保留髓内针, 继续限制活动两周后再拆除。尽管半针松动, 但未引起明显的并发症。这两根阳螺纹固定针对于保持股骨长度和旋转稳定性起到主要作用。正因如此, 针 – 骨界面承受了相当大的压力, 从而导致植入物早期松动。如果在每段骨碎片上都放置固定针, 则能够更均匀地分担负重, 从而减少或防止固定针松动。

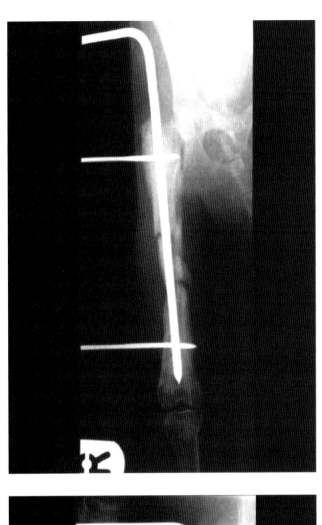
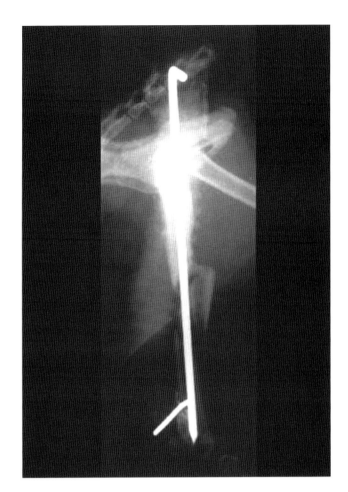
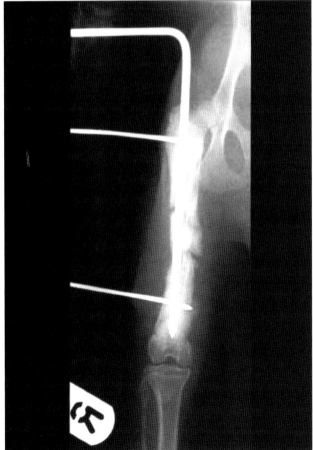
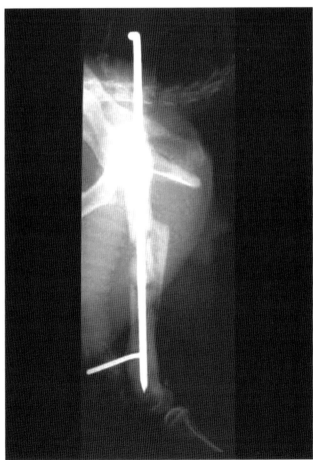

# 病例分析 3

## 临床表现、病史和骨折

　　爱尔兰雪达犬，9岁，30kg，雄性，未去势，丢失数小时后发现受到创伤，右后肢跛行、不负重。骨折为股骨中段闭合性短斜骨折，向后侧移位。X线片可见至少3个粉碎性骨碎片，并有向股骨近端延伸的骨裂。术前前后位X线片质量不佳，因此未列出。

## 手术计划

　　患犬状态稳定，进行了静脉输液和镇痛。可选择骨板内固定修补，近端和远端骨干有足够的长度放置螺钉。近端骨裂在外侧，因此使靠近骨折处的螺钉放置复杂化。小的粉碎性骨碎片很难使骨折完全重建，所以骨板需要以支撑方式放置。也可以选择同时使用髓内针和支程骨板，或许是该骨折类型的最好选择。环扎钢丝可以防止骨裂顺着髓内针扩大。然而，由于骨折是短斜骨折，因此不能将环扎钢丝用于骨折部位，再加上存在许多小骨碎片，因此也无法达到足够的旋转稳定性。为了克服这一缺点，要同时使用外固定支架，提供旋转稳定性。

## 骨折修复和评估

　　通过开放性复位修复骨折，近端骨干放置两个全环钢丝控制骨裂，远端骨干放置1个全环钢丝，防止未发现的骨裂扩大。放置1根髓内针。使用预钻孔技术和阳螺纹固定针，放置4个半针的单侧外固定支架，同时使用增强连杆增加支架刚度。

　　术后X线片显示骨折准直和对合良好。近端环扎钢丝合适，远端骨碎片至少需要放置两个环扎钢丝，即使术中未发现骨裂。髓内针大小合适，但似乎可以向远端继续深入。近端固定针未穿透整个干骺端，仅仅进入大转子。其他3根固定针放置位置合适。

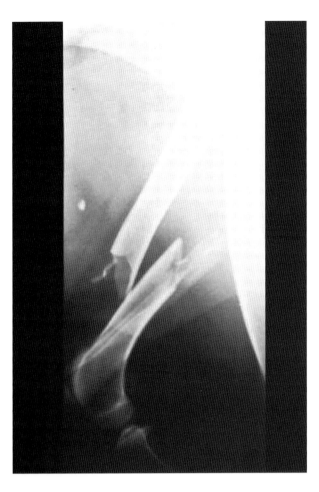

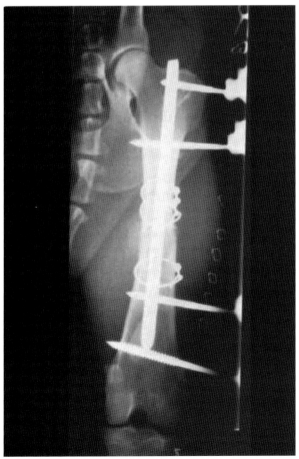

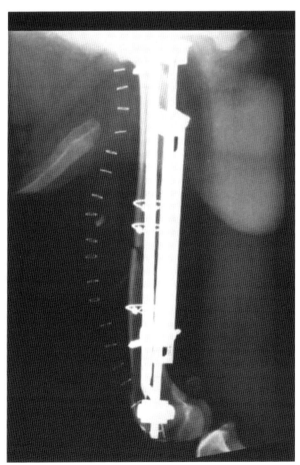

股骨外固定支架的使用有很多困难。支架的刚度相对偏低，主要是因为较厚的软组织增加了从连杆到骨骼的固定针长度。固定针常常影响膝关节软组织，运动导致固定针部位异常，尤其是造成针道感染（第12章）。

## 随访评估

术后 4 周，患犬复查。患犬可以使用患肢，但表现严重跛行。膝关节固定针部位可见轻度针道感染，且膝关节活动范围下降。近端固定针部位触诊疼痛。X 线片显示准直和对合维持良好，最近端固定针松动；骨折部位可见早期骨痂形成，提示 II 期骨折愈合。拆除松动的近端固定针。如果更换近端固定针，可以极大增加支架的刚度。开始理疗，包括牵遛和膝关节被动活动。

## 第 2 次随访评估

术后 7 周，患犬再次复查。跛行有所改善，但仍然会出现负重跛行。膝关节活动范围改善。其他 3 根固定针也出现了轻度针道感染。X 线片显示准直和对合维持良好，所有的骨科植入物稳定，与上次复查相比未发生变化。其他 3 根固定针未松动，骨折部位骨痂形成增加，在股骨前侧、后侧和外侧均形成桥连。拆除外固定支架。继续理疗，未来 4 周牵遛，缓慢增加运动量，逐渐恢复至正常活动。建议 3 周后再次 X 线检查评估，主人拒绝。

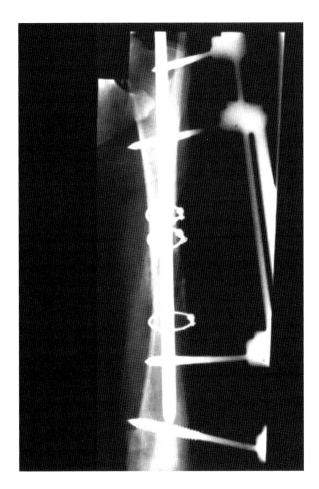
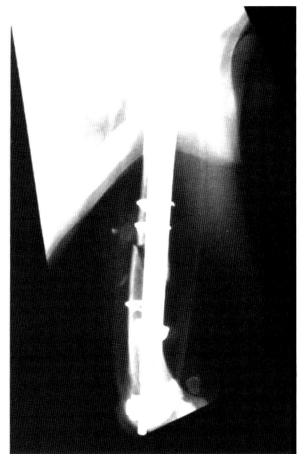
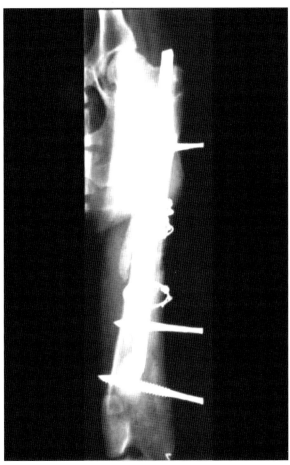
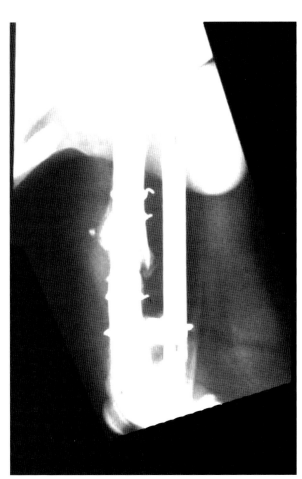

# 病例分析 4

## 临床表现、病史和骨折

拉布拉多犬，4 月龄，15kg，从床上摔落导致左侧股骨骨折。骨折为股骨骨干远端 1/4 处闭合性横骨折，向后侧和外侧移位，断端未重叠。至少可见两块粉碎性骨碎片。

## 手术计划

这是由相对低能量损伤导致的幼犬骨折。骨折修复必须保证骨骼持续生长，并且要考虑到幼年犬骨骼柔软。可以考虑骨板内固定，但由于骨骼柔软，螺钉的抓持力会降低；而且，骨板也不能越过生长板。可考虑髓内针和环扎钢丝固定，因为骨折很靠远端，标准的髓内针技术无法抵抗弯曲力。可以考虑交锁髓内钉固定，但远端骨碎片无法放置两个螺钉。可以采用交叉克氏针或改良冲针技术，这种方法常用于幼犬 Salter 骨折。对于股骨远端的 Salter Ⅰ 型或 Ⅱ 型骨折，克氏针技术可提供旋转稳定性，这是由骺板的构型及克氏针穿过骨折部位的位置决定的。该骨折是横骨折，位于骨干和干骺端交界处；另外，有许多小的骨碎片，单独使用克氏针无法提供旋转支持。选择改良冲针加单侧外固定支架的方法提供旋转支持。

## 骨折修复和评估

由于术中发现骨裂，因此放置了两个全环钢丝修复骨折。以冲针方法，从远端骨骺向近端骨骺放置斯氏针。使用双针单侧外固定支架，提供旋转支持。准直良好。由于粉碎性骨碎片丢失，在后侧和内侧存在骨

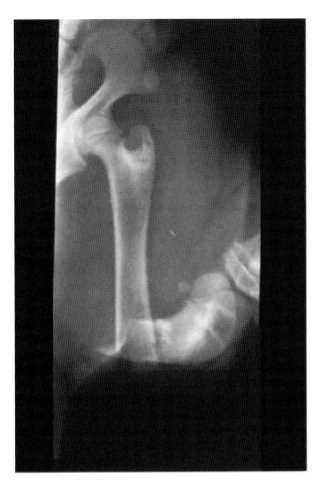
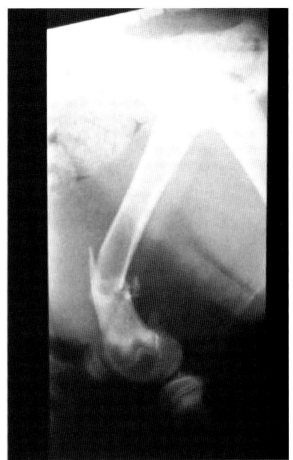
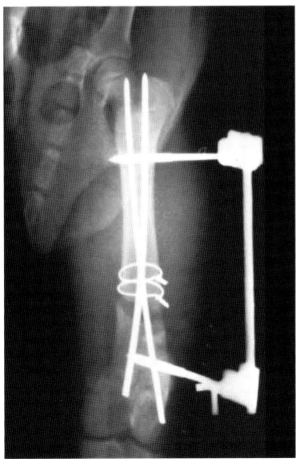
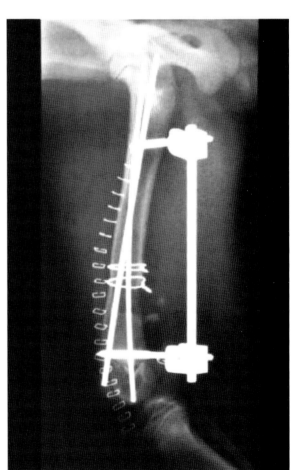

折间隙。以冲针方式放置的斯氏针在骨折线处交叉。近端固定针应该更靠近端放置，也应该在近、远端骨碎片再放置其他固定针提供额外支持。

## 随访评估

术后 5 周，患犬复查。患肢已经负重，但在远端固定针处有多量渗出，且比上一周渗出量多。X 线片显示骨折部位及周围形成骨痂；远端固定针周围密度明显降低，提示固定针松动。拆除外固定支架，患犬出院，告知膝关节被动运动的理疗。

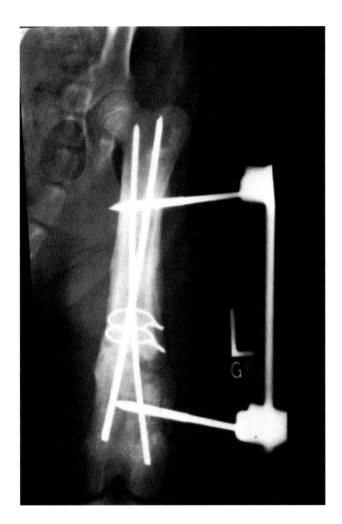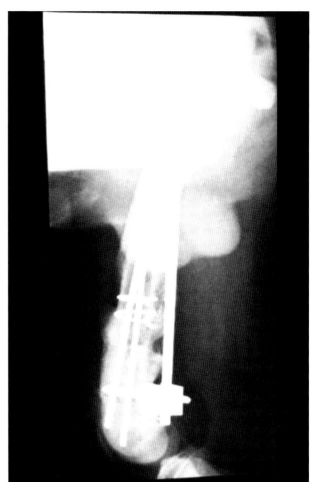

跨关节

# 病例分析 1

## 临床表现、病史和骨折

　　杂种犬，4岁，15kg，雌性，已绝育，车祸致多处创伤。患犬送往急诊，针对胸膜腔积液、气胸、气纵隔和室性早搏进行治疗。左侧尺骨骨折，左侧跗关节脱位，行夹板外固定包扎。4天后，患犬转诊。胸部病变痊愈，患犬稳定。左侧尺骨X线片显示肘关节闭合性斜骨折，累及尺骨近端和半月形的滑车切迹。近端的骨碎片轻微向后侧移位。左侧跗关节应力位X线片显示关节内侧面脱位，并导致远端部分向后内侧移位。触诊时，胫跗关节内侧副韧带的长、短头缺损，但外侧副韧带是完整的。

## 手术计划

　　尺骨关节骨折通过开放性复位和动力加压骨板内固定进行修复。因为动物需要使用肘关节负重，所以未选择夹板或铸型外固定，以免增加关节应力。缺乏牢固的固定会使关节更加松弛。跗关节脱位可以通过螺钉和钢丝或缝线来稳定内侧副韧带的长、短头进行修复。也可以使用跨关节的外固定支架来固定关节。由于外侧副韧带完整，可以使用单侧外固定支架来固定关节的内侧面。

## 骨折修复和评估

　　脱位可通过外侧单侧外固定支架完成。切开关节，确保脱位的关节充分复位。胫骨远端放置1根3.2mm阳螺纹固定针，贯穿距骨和跟骨再放置1根。使用1根弯曲的连杆将两根固定针相连。脱位复位后，锁紧连接夹。胫骨近端放置1根3.2mm阳螺纹半针，近端跖骨放置1根

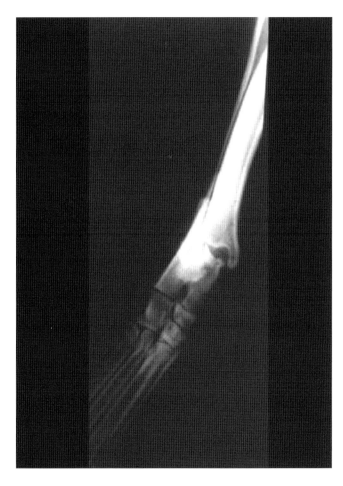
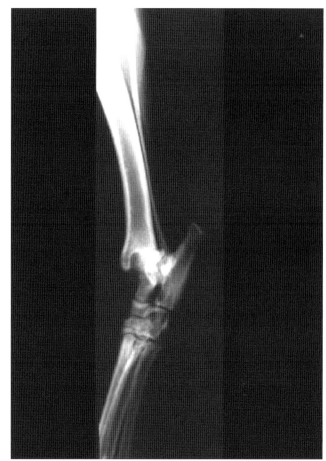
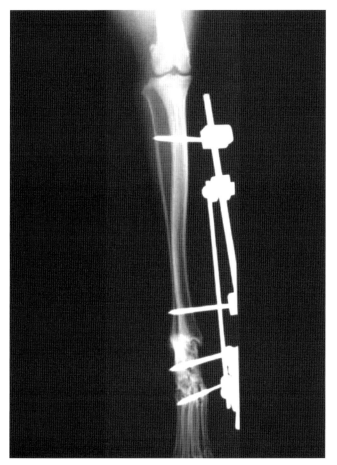
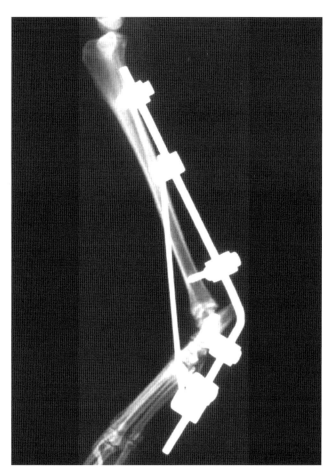

2.4mm 阳螺纹固定针。使用单连接夹，将近端两根胫骨固定针之间与远端跖骨固定针用 3.2mm 连杆连接。跗关节的准直和对合良好。该外固定支架能充分承担患犬体重。

## 随访评估

患犬在骨折和脱位术后很快便能行走。左侧肘关节每天进行 3 次理疗。患犬出院后 10 天，从一小段楼梯上跌落，但是 X 线片显示尺骨和跗关节的植入物没有发生改变。4 周后，再次评估患犬。虽然左后肢能够很好地行走，但较上周而言，跛行加重。近端固定针处轻微渗出和肿胀。X 线片显示脱位维持复位。胫骨近端固定针松动。拆除外固定支架，跗关节触诊稳定。跗关节活动范围减小。患犬出院，两周内限制活动，之后恢复正常运动。

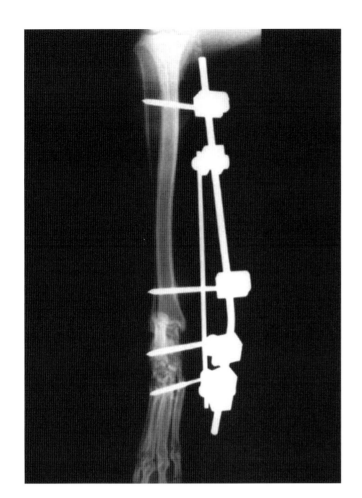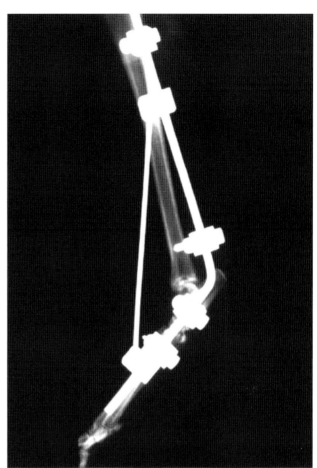

# 病例分析 2

## 临床表现、病史和骨折

　　德国牧羊犬，2 岁，25kg，雄性，未去势，主人照看不周，之后发现左后肢不负重。患犬左侧跗趾部脱套伤和剪切伤。左上颌犬齿齿折。状态稳定后，清创、灌洗，并用湿 – 干罗伯特琼斯绷带包扎。跗部中央前外侧 7cm×15cm 区域软组织缺损。尽管创伤主要位于跗部前侧和前外侧，但是胫跗关节内侧副韧带长、短头均存在结构性缺损，仅由外侧副韧带提供支持。X 线片显示骨丢失很少。术前前后位 X 线片质量不佳，因此未列出。

## 手术计划

　　齿折的犬齿行活髓切断术。患犬稳定后，进行手术清创和灌洗。患肢用罗伯特琼斯绷带包扎，每天更换，持续 3 天。可以使用螺钉和缝线或钢丝修补胫跗关节的长、短头来固定胫跗关节脱位。然而，这种方法会与开放创口接触，而且通常需要拆除植入物。可以使用铸型或夹板外固定，但是频繁更换绷带会使关节不稳定，获得关节足够的稳定性不太可能。可用外固定支架固定胫跗关节。外固定支架可在创口愈合期间固定关节。创口经二期愈合，通过肉芽组织、纤维化及化脓形成瘢痕组织重建支持结构。尽管预期可能发生关节炎，未来也可能需要关节融合术，但是关节功能的恢复预后良好。

　　单侧或双侧外固定支架均可使用。因为外侧副韧带保持完整，因此使用内侧单侧支架支持关节内侧，并与外侧结构分担负重。

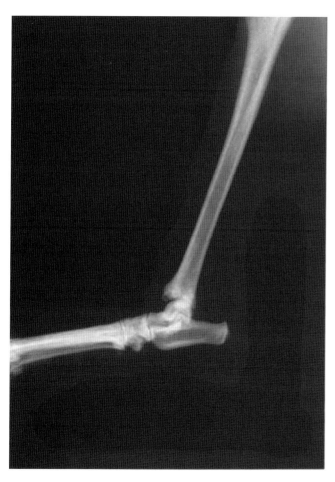

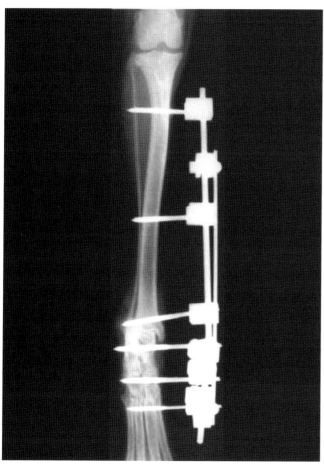

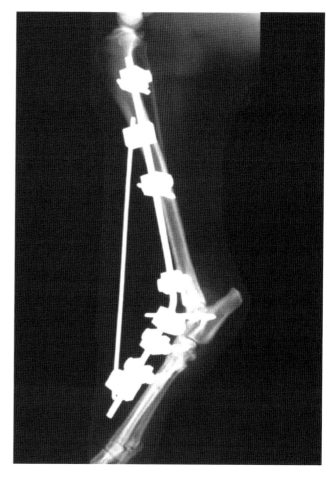

## 骨折修复和评估

　　用内侧单侧外固定支架修复骨折－脱位。胫骨远端放置 1 根 3.2mm 阳螺纹固定针，贯穿距骨和跟骨再放置 1 根。使用 1 根弯曲的连杆将两根固定针相连。脱位复位后，锁紧连接夹，确保连杆近、远两端靠近胫骨和距骨。胫骨近端放置 1 根 3.2mm 阳螺纹固定针，近端跖骨放置 1 根 2.4mm 阳螺纹固定针。胫骨骨干和骨部中央再各放置 1 根 3.2mm 阳螺纹固定针。使用单连接夹，将近端两根胫骨固定针之间与远端跖骨固定针用 3.2mm 连杆连接。跗关节准直和对合良好。该外固定支架能充分承担患犬体重。

## 随访评估

　　创口每天更换绷带，直至肉芽组织形成，之后每 2~4 天更换非黏性敷料，保持创口湿润。患犬可以负重，但轻度跛行。6 周后，患犬复查。创口形成肉芽组织，缩至 1cm×6cm。X 线片显示骨折－脱位的准直和对合未变。外固定支架位置不变，但跗骨和跖骨固定针松动。跗骨前侧和前外侧可见新骨形成，跗内关节和跗跖关节骨桥连。这是胫跗关节骨关节炎。拆除外固定支架。患犬恢复活动，但有轻度跛行。

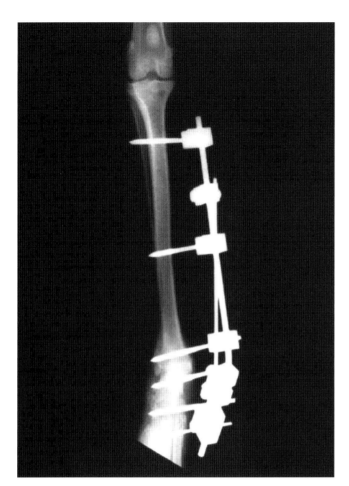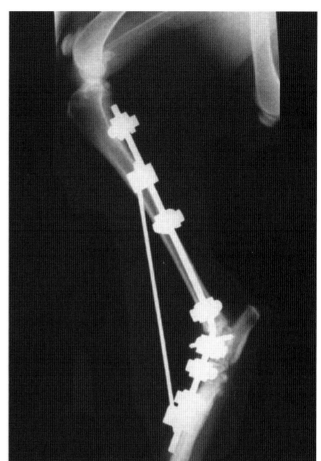

# 病例分析 3

## 临床表现、病史和骨折

  杂种犬，5 岁，33kg，雌性，已绝育，主人照看不周数小时，可能发生车祸。患犬回来时 3 条腿负重，左后肢多处擦伤。就诊时，患犬心动过速、呼吸急促。患犬接受静脉输液。胸部 X 线片未见明显异常。患肢剃毛，清创和灌洗，用湿 – 干罗伯特琼斯绷带包扎。创口与骨折相通。骨折为左侧胫骨远端 I 级开放性粉碎性骨折。有一块大（2cm×3cm）骨碎片及数块小骨碎片。胫骨远端干骺端的断端仅存 1cm 内侧皮质骨。骨折向外侧移位，重叠 0.5cm。

## 手术计划

  开放性粉碎性骨折无法使用铸型固定。骨折非常靠远端，髓内针无法对抗弯曲力。由于胫骨远端碎片太小，使用开放性复位和骨板内固定时没有足够的可供固定的骨皮质。若仅在胫骨放置外固定支架，则难以在微小的胫骨远端碎片放置足够数量的固定针。可使用一个跨关节外固定支架越过跗关节来固定患肢。尽管跗关节长时间固定会引起关节活动范围减小，但是却有助于骨折愈合。

## 骨折修复和评估

  骨折用双侧外固定支架修复。使用肢体悬吊技术复位骨折。于胫骨远端做有限的手术通路以保证足够的准直。环扎钢丝固定延伸至胫骨骨干的纵向骨裂。通过有限手术通路，穿过胫骨远端放置 1 根 3.2mm 阳螺纹全针，使微小的胫骨远端碎片得到充分固定。穿过胫骨近端放置第 2 根全针。两根固定针的内、外侧均以越过跗关节的长连杆连接。确认骨折准直后，锁紧连接夹。使用瞄准器在胫骨骨干上再放置 2 根固定针。使用骨板折弯器将越过跗关节的连杆按照肢远端的轮廓进行弯折。穿过跖骨近端放置 1 根 3.2mm 阳螺纹全针。跖骨内再放置 2 根 2.4mm 阳螺纹半针。

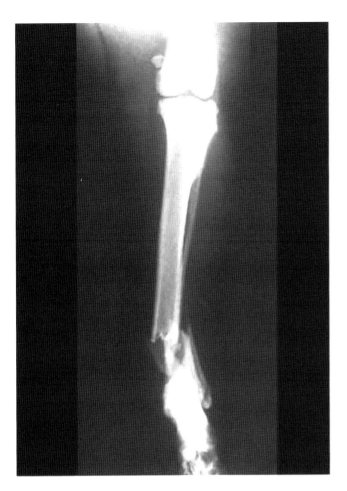
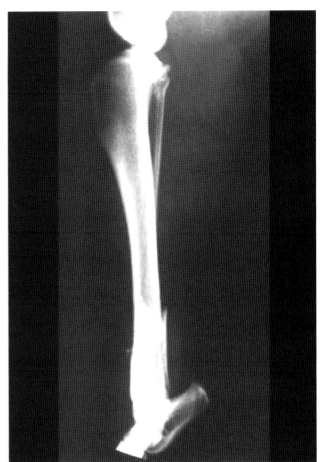
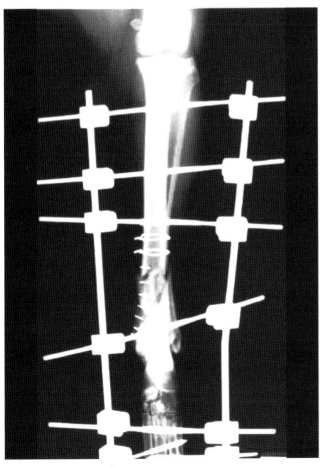
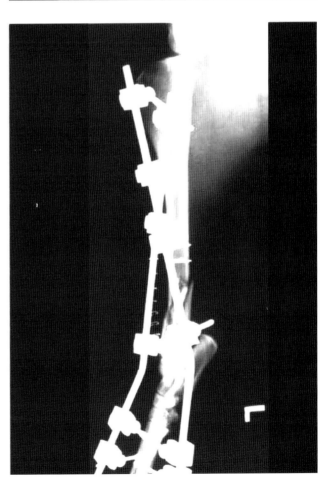

骨折准直尚可。大的粉碎性骨片进入胫骨远端髓腔，形成骨折缝隙。支架由内侧向外侧弯曲以稳定骨折。胫骨远端的单根固定针可使断端围绕其旋转，因此无法完全对抗由前至后的弯曲力。连杆弯曲部分的应力梯级没有用连接其近、远端的三角形连杆支持。如果弯曲力足够大，超过 4.8mm 连接杆的承受力，将导致连杆断裂。

## 随访评估

术后 10 周，患犬复查。患犬使用患肢良好，创口愈合。固定针处无并发症。X 线片显示准直维持良好。外固定支架完整，固定针无松动。骨折各个侧面均可见少量平滑骨痂。骨痂量少说明骨折碎片活动轻微。因骨折正在愈合中，且患犬运步良好，因此未变换外固定支架。

## 第 2 次随访评估

术后 14 周，患犬再次复查。患犬行走良好，固定针处无并发症。X 线片显示准直和对合维持良好。外固定支架位置未变，固定针未松动。X 线片可见骨折各个面骨皮质连续，表明进行性骨重塑。拆除外固定支架。跗关节活动范围为 20°。患犬出院，医嘱牵遛限制活动 3 周。患犬恢复正常活动，无并发症。完全拆除外固定支架的决定是有争议的。尽管可见平滑的桥连骨痂，但是胫骨远端皮质尚未完全愈合。由于跗关节活动范围减小，负重可能导致重塑的骨折部位由前至后的弯曲力增加。另一种可选计划是拆除跗关节远端部分的外固定支架。该方案可允许跗关节弯曲，增大活动范围。支架的剩余部分可一定程度保护骨折区域继续完成重塑。

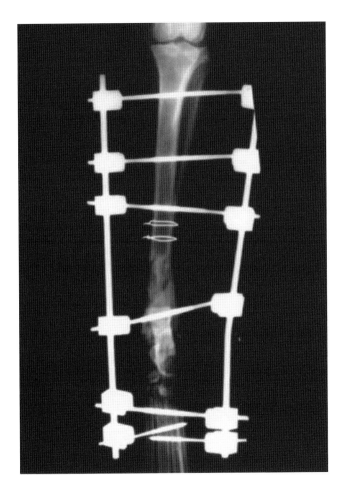
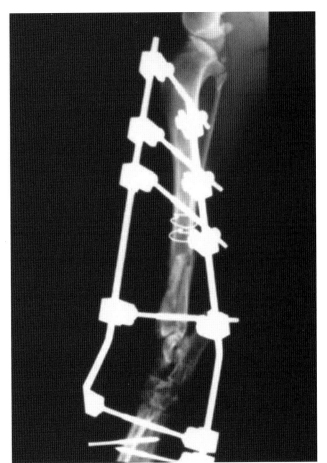
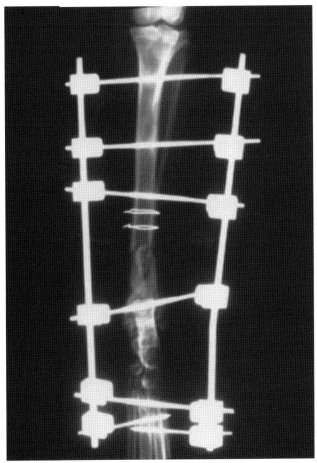
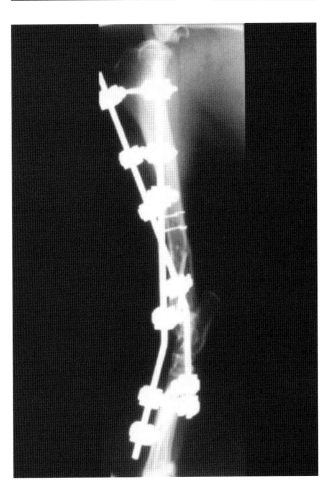

# 病例分析 4

## 临床表现、病史和骨折

　　拉布拉多寻回犬，9 月龄，18kg，雌性，车祸造成右侧跗关节脱套伤和剪切伤。患犬呼吸窘迫，胸部 X 线片显示气胸。行胸腔穿刺术，并静脉补液和疼痛管理，稳定患犬。患犬稳定后，清创和灌洗，并以湿 - 干罗伯特琼斯绷带包扎。患肢前外侧以跗关节为中心，可见 7cm×15cm 的软组织缺损。X 线片显示外踝、胫骨远端干骺端外侧、跟骨、距骨、第四跗骨部分缺失。应力位侧位 X 线片（未显示）显示胫跗关节、近端跗内关节、距跟关节不稳定。

## 手术计划

　　患犬稳定后，创口清创和灌洗至关重要。患肢用湿 - 干罗伯特琼斯绷带包扎，并每天更换，必要时可以更频繁。外固定支架是稳定该骨折 - 脱位的唯一方法。由于骨和软组织大量缺损，因此不可能修复主要韧带结构。创口愈合时，可用外固定支架稳定关节。创口经二期愈合，通过肉芽组织、纤维化及化脓形成瘢痕组织重建支持结构。创口收缩，皮肤愈合。对于许多病例，再大的创口也可通过二期愈合修复。有时，一旦肉芽组织形成，则必须进行二次皮肤移植。绝大部分病例，根据关节创伤的程度，功能恢复良好至极好。若关节损伤严重，在最初固定时要立即进行关节融合术。

　　跨关节外固定支架的力学原理不同于长骨。长骨的外固定支架，主受力是轴向的，沿骨长轴分布。跨关节的外固定支架弯曲，弯曲处集中受力；也会导致长杠杆臂，将应力集中在外固定支架顶端。支持弯曲处外固定支架的方法是将近、远端固定针用其他连杆连接，形成三角形的连接柱。外固定支架必须延伸至邻近骨的近端，避免骨干应力集中；应力集中会导致骨折。若固定针可穿透患肢两边皮肤放置，则优选双侧外固定支架而非单侧。若创口不允许使用双侧外固定支架，则使用单侧外固定支架，以免存在固定针影响创口愈合。

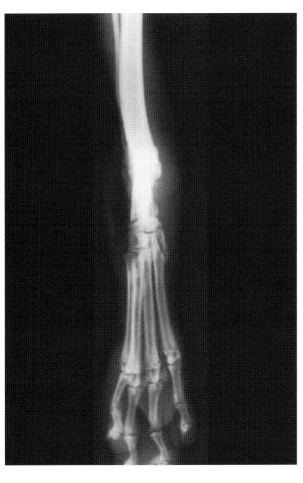
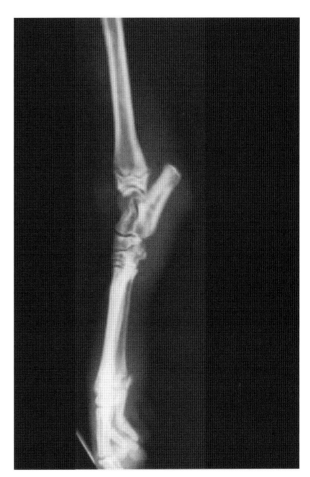
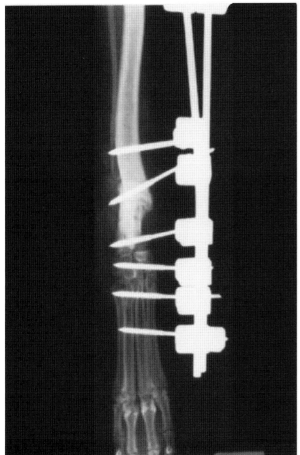
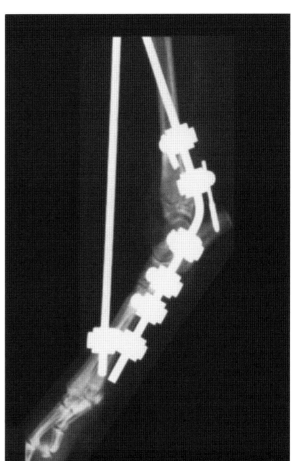

## 骨折修复和评估

　　使用单侧外固定支架及关节融合术修复骨折 - 脱位。用高速裂钻去除关节软骨。在胫骨近、远端、跟骨、距 - 跟骨、远列跗骨、跖骨近端放置 3.2mm 阳螺纹固定针。穿过跖骨骨干放置 1 根 2.4mm 固定针。在最近端、最远端固定针间再放置 1 根连杆，使用单连接夹锁紧。胫跗关节移植采自肱骨近端的松质骨。跗关节准直和对合充分。该外固定支架能充分承担患犬体重。

## 随访评估

　　创口每天更换绷带直至肉芽组织形成，之后每 2~4 天更换非黏性敷料，保持创口湿润。患犬可负重，轻度跛行。术后 5 周再次入院，因创口停止收缩，进行二次皮肤移植。X 线片显示骨折 - 脱位的准直和对合未变。外固定支架位置未变，无固定针松动。胫跗关节可见骨痂桥连。使用部分可延展的无网眼补片进行皮肤移植。两周后，拆除外固定支架。跗关节融合持续存在轻度跛行，但是患犬无疼痛。

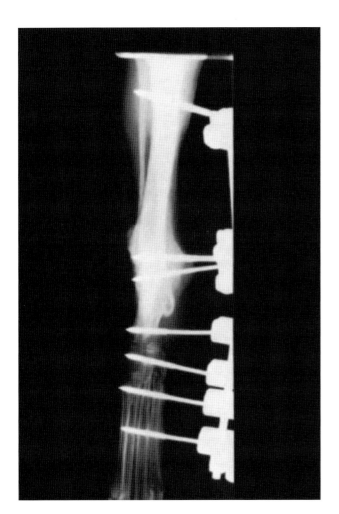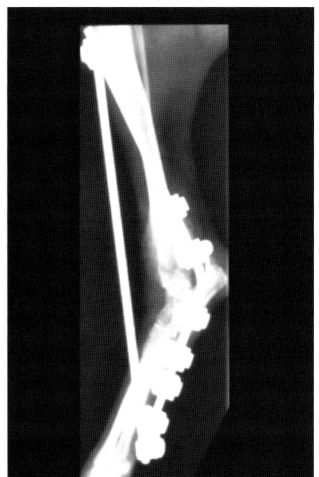